Simmi Kharb

Estudo da peroxidação lipídica na pré-eclâmpsia

Simmi Kharb

Estudo da peroxidação lipídica na pré-eclâmpsia

ScienciaScripts

Imprint

Cover image: www.ingimage.com

This book is a translation from the original published under ISBN 978-620-7-65284-6.

Publisher:
Sciencia Scripts
is a trademark of
Dodo Books Indian Ocean Ltd. and OmniScriptum S.R.L publishing group

120 High Road, East Finchley, London, N2 9ED, United Kingdom
Str. Armeneasca 28/1, office 1, Chisinau MD-2012, Republic of Moldova, Europe
Printed at: see last page
ISBN: 978-620-8-01941-9

ESTUDO DA PEROXIDAÇÃO LIPÍDICA NA PRÉ-ECLÂMPSIA

SIMMI KHARB

RECONHECIMENTO

É para mim uma honra distinta e um privilégio orgulhoso reconhecer, com uma gratidão e uma dívida milionárias e afectuosas, os meus estimados professores Dr. A.S. Saini, Professor, Departamento de Bioquímica, Dr.(Miss) Nirmal Gulati, Professor, Departamento de Obstetrícia e Ginecologia e Dr. G.P. Singh, Professor Associado, Departamento de Bioquímica, Medical College & Hospital Rohtak, pela sua valiosa orientação. Os seus conselhos sábios e atempados, o seu encorajamento constante, a sua paciência ilimitada, o seu interesse incansável, as suas sugestões sublimes e a sua supervisão atenta são-lhes reconhecidos de forma generosa.

I Estou muito grato ao Dr. G.P. Singh, Professor Associado, Departamento de Bioquímica, Medical College & Hospital, Rohtak, cuja orientação exerceu uma grande influência na realização deste trabalho.

É com imensa gratificação que agradeço à minha digna professora, Dra. Shashi Seth, Professora Associada, Departamento de Bioquímica, Medical College & Hospital, Rohtak, pelos seus conselhos e aconselhamento oportunos e preciosos. As palavras faltam-me para lhe apresentar os meus mais sinceros cumprimentos e agradecimentos.

Estou grato a todos os consultores do Departamento de Bioquímica, que me deram toda a ajuda e cooperação possíveis para a realização do meu trabalho.

Estou igualmente grato ao Dr. Kiran Chugh, Bioquímico, Departamento de Bioquímica e ao Dr. Kalia, Departamento de Farmácia, Medical College & Hospital, Rohtak, pela sua cooperação neste estudo.

Os meus sinceros agradecimentos aos meus pais, ao meu marido, ao meu querido filho e às minhas irmãs pelo seu encorajamento e pela ajuda constante que me deram durante todo o período de estudo.

Por último, mas não menos importante, a dívida que tenho para com os meus pacientes é suprema e tão grande que não consigo prestar uma homenagem completa por meio de palavras.

(SIMMI KHARB)

Índice

CAPÍTULO 1: INTRODUÇÃO

INTRODUÇÃO

A pré-eclâmpsia ocorre aproximadamente em 10% de todas as gravidezes e continua a ser uma das principais causas de mortalidade e morbilidade materna e neonatal. A condição é geralmente diagnosticada no final da gravidez pela presença de hipertensão com ou sem proteinúria e edema. A definição das várias causas de hipertensão gestacional é difícil porque a pressão arterial normalmente diminui no primeiro trimestre, atinge o seu ponto mais baixo no segundo trimestre e depois aumenta gradualmente para níveis pré-gravídicos ou próximos destes no termo[1] . O American College of Obstetricians and Gynaecologists estabeleceu quatro critérios para o diagnóstico da hipertensão na gravidez:

1. PA sistólica > 140 mmHg
2. PA diastólica > 90 mm Hg
3. Aumento de > 30 mm Hg na PA sistólica
4. Aumento de > 15 mm Hg na PA diastólica.

Qualquer um destes critérios deve estar presente em, pelo menos, duas ocasiões separadas por, pelo menos, 6 horas.

No início da gravidez, há um aumento de 40 a 60 por cento do débito cardíaco, o que faz com que a queda da pressão arterial seja secundária a uma diminuição da resistência vascular periférica[2] . Uma vez que o débito cardíaco permanece elevado durante toda a gravidez, o aumento da pressão arterial durante a segunda metade da gravidez representa um regresso à resistência periférica normal.

No entanto, em cerca de 10 por cento das gravidezes, observa-se um aumento da tensão arterial que só volta ao normal após a interrupção da gravidez. Esta situação é designada por hipertensão induzida pela gravidez, pré-eclampsia e eclampsia. Observa-se que as grávidas normais têm níveis aumentados de renina ativa e inativa, angiotensina I e angiotensina II (A-II), são resistentes aos efeitos pressores da A-II infundida, bem como da norepinefrina,[3,5] através do aumento da refractariedade do músculo liso vascular. O estrogénio, a progesterona, a prolactina e a aldosterona estão todos aumentados na gravidez normal e todos podem alterar direta ou indiretamente a reatividade vascular.[3] No entanto, na pré-eclâmpsia, há uma perda da refractariedade vascular aos agentes pressores.

A causa ou causas exactas da pré-eclâmpsia são desconhecidas. Entre as várias teorias, algumas que chamaram a atenção dos trabalhadores são as mencionadas a seguir:

A hipoperfusão uteroplacentária é a caraterística única das gravidezes predispostas à pré-eclâmpsia.[3] As desadaptações placentárias têm sido correlacionadas com o aumento da incidência de enfarte placentário, sofrimento fetal e atraso no crescimento fetal que acompanham frequentemente a pré-eclâmpsia, sugerindo que a perfusão placentária é um fator crucial no resultado da gravidez.[1,4]

A hiporesponsividade imunológica também tem sido apontada como uma das causas da pré-eclâmpsia, sendo que a resposta imunitária protetora é menos eficiente na primeira gravidez.[3]

Existe também uma teoria imunogenética da pré-eclâmpsia, que sugere que um único gene autossómico recessivo pode controlar a resposta imunitária materna.

As aberrações no metabolismo das prostaglandinas são também uma hipótese importante. Esta teoria é abstraída de forma a que a diminuição da prostaciclina circulante ou produzida localmente ou o aumento da síntese de tromboxano possam explicar as alterações da pressão arterial e da coagulação na doença.

Recentemente, os radicais livres têm sido implicados na fisiopatologia da pré-eclâmpsia. Como as células endoteliais arteriais fazem interface com o sangue arterial, estão expostas a pressões parciais de oxigénio mais elevadas do que a maioria dos outros tecidos. Neste ambiente, as células são particularmente vulneráveis à peroxidação lipídica iniciada por radicais livres de oxigénio. A hipóxia tecidular parece ser um fator de promoção da reação de peroxidação lipídica.

Informações recentes indicam que a peroxidação lipídica descontrolada pode contribuir para determinados processos de doença através da perturbação dos lípidos das membranas e de outros componentes celulares.[7,9] O processo destrutivo da peroxidação lipídica pode contribuir para o desenvolvimento de anomalias cardiovasculares na pré-eclâmpsia, incluindo a disfunção das células endoteliais vasculares. A função deficiente do endotélio vascular pode, por sua vez, causar vasoespasmo, o aumento geral da sensibilidade aos vaso-pressores e as complicações cardiovasculares associadas que ocorrem na doença.[7-9]

A peroxidação lipídica é um processo que é determinado pela extensão dos mecanismos de radicais livres formadores de peróxidos e pelo mecanismo de remoção de peróxidos. Tendo em conta esta situação, o presente estudo foi efectuado com o objetivo de obter as seguintes informações:

1. Níveis séricos de malonaldeído (MDA) na gravidez normal e na pré-eclâmpsia.

2. Estimativa do nível de vitamina E no sangue.

CAPÍTULO 2: REVISÃO DA LITERATURA

REVISÃO DA LITERATURA

A pré-eclampsia é caracterizada por hipertensão denovo que ocorre no final da gravidez, frequentemente associada a proteinúria e/ou edema. Apresenta-se geralmente após a 20ª semana de gestação e ocorre principalmente em mulheres nulíparas.

A etiologia da pré-eclâmpsia tem permanecido indefinida durante séculos. Alguns investigadores atribuem aos antigos egípcios, indianos e chineses a descoberta desta doença, enquanto Chesley[1] acredita que foram os antigos gregos (antes do tempo de Hipócrates) que forneceram a primeira documentação genuína do reconhecimento da pré-eclâmpsia como uma doença distinta. Ao longo dos séculos, tem havido muitas teorias para explicar a etiologia desta doença, tal como Chesley salientou: "Todos, desde os alergologistas aos zoólogos, propuseram hipóteses e sugeriram terapias racionais com base nelas."[1]

Apesar da investigação extensiva, o nosso conhecimento limitado da fisiopatologia e etiologia é indicado pela terapia atual, que continua a ser empírica - parto precoce com risco de parto operatório e prematuridade iatrogénica. Embora existam várias teorias relativamente à etiologia, apenas as mais importantes serão revistas.

Pensa-se que a hipoperfusão uteroplacentária desencadeia um mecanismo hipertensivo, quer através do aumento do efluxo venoso de uma substância vasopressora, quer através da diminuição do efluxo de uma hormona vasodilatadora. Uma vez que os sintomas e as lesões da pré-eclâmpsia desaparecem após a interrupção da gravidez.[1] A placenta deve ser um fator importante, uma vez que a doença pode ocorrer na ausência de um feto (gravidez molar)[1,2] . Na gravidez normal, o diâmetro das artérias espirais que alimentam o espaço interviloso aumenta muito e estas tornam-se refractárias aos agentes vasopressores[3] . As informações sobre o fluxo sanguíneo uteroplacentário em mulheres normais e naquelas com pré-eclâmpsia são limitadas. No entanto, os métodos indirectos utilizados para medir o parâmetro indicaram uma diminuição do fluxo sanguíneo uteroplacentário na pré-eclâmpsia.[4] Não é claro como é que uma perfusão placentária anormal pode levar a uma doença sistémica multiorgânica. De alguma forma, o fluxo sanguíneo placentário reduzido deve ser percepcionado por todo o corpo. Esta informação pode ser transmitida por via neural ou por produtos sanguíneos. Assali e Prystowsky[5] descobriram em 1950 que o vasoespasmo da pré-eclâmpsia não era afetado pelo bloqueio ganglionar; em contrapartida, as grávidas normais eram muito sensíveis a esta manobra. Parece provável que os agentes produzidos pela unidade feto-placentária com efeitos sobre a fisiologia sistémica estejam presentes na circulação materna. Infelizmente, não existem dados humanos que sustentem este facto e ainda não existem modelos animais de pré-eclâmpsia completamente aceitáveis.[1]

A hiporresponsividade imunológica tem sido apontada como uma das causas da pré-eclâmpsia, sendo que a resposta imunitária protetora é menos eficiente na primeira gravidez.[3] A resposta imunitária materna é normalmente um pouco suprimida para evitar a "rejeição" do feto antigenicamente diferente, mas a imunossupressão pode ser ainda maior na pré-eclâmpsia. Isto seria especialmente verdadeiro em gravidezes gemelares e molares, porque nestas condições os níveis de gonadotrofina coriónica humana, que se pensa ter propriedades imunossupressoras, são extremamente elevados.[3] As grávidas que desenvolvem pré-eclampsia têm uma homozigotia aumentada para os antigénios HLA-A e HLA-B [6-11]. Este facto pode explicar o aumento da compatibilidade HLA feto-materna e a diminuição da resposta imunitária.[3]

Existe também uma teoria imunogenética da pré-eclâmpsia, que sugere que um único gene autossómico recessivo pode controlar a resposta imunitária materna.[1] A este respeito, os dados relatados por Chesley, sobre a incidência de pré-eclâmpsia em filhas e netas de eclâmpticos, apoiam a teoria da homozigotia materna para um gene autossómico recessivo.[1] No entanto, esta teoria tem sido contestada. Uma observação fascinante que apoia uma etiologia imunitária é o facto de as mulheres parturientes que engravidam com um novo parceiro terem uma incidência de pré-eclâmpsia semelhante à das primigestas.[3] A partir destas observações, alguns investigadores sugeriram que a pré-eclâmpsia ocorre devido a uma resposta imunitária materna deficiente aos antigénios fetais, que é normal na gravidez, mas que pode ter uma expressão subnormal durante a primeira exposição aos antigénios fetais.[3]

As grávidas normais têm níveis aumentados de renina ativa e inativa, angiotensina I e angiotensina II (AII); são resistentes aos efeitos pressores da AII infundida, bem como à epinefrina.[10] Os inibidores da prostaglandina sintetase (indometacina e aspirina) administrados a grávidas normais aumentaram significativamente a refractariedade vascular à AII, sugerindo que as prostaglandinas desempenham um papel na refractariedade vascular à AII.[8,10,12]

As mulheres com pré-eclâmpsia têm uma maior capacidade de resposta a todas as hormonas pressoras, incluindo a AII, a epinefrina e a vasopressina.[2,8] Esta perda de refractariedade vascular parece ser mediada pela diminuição da síntese de tecido vascular ou dos níveis circulantes de prostaglandinas vasodilatadoras, por exemplo, a prostaciclina. A prostaciclina é um potente vasodilatador e inibidor da agregação plaquetária. Uma vez que a pré-eclâmpsia se caracteriza por um aumento da vasoconstrição, um aumento da agregação plaquetária e uma redução do fluxo sanguíneo uteroplacentário, uma anomalia na produção de PGI2 durante a gravidez poderia contribuir para o desenvolvimento da pré-eclâmpsia.[8,10,15] A produção placentária de tromboxano está aumentada e uma quantidade reduzida de prostaciclina não antagonizaria eficazmente as acções do tromboxano. Tanto o tromboxano como a prostaciclina são produtos da ciclo-oxigenase (prostaglandina sintetase) na cascata das prostaglandinas.[15,16] A ciclo-oxigenase incorpora duas moléculas de oxigénio no ácido araquidónico para formar o endoperóxido cíclico PGG2, o peróxido lipídico PGG2, que é depois reduzido a PG H2, um substrato essencial para a formação de prostaciclina, prostaglandinas e tromboxano A2.[15-18]

Os níveis normais de peróxidos lipídicos desempenham um papel essencial como activadores da ciclo-oxigenase.[18,19,20] No entanto, quando os peróxidos lipídicos se elevam em determinadas condições patológicas, começam a afetar especificamente a prostaciclina sintetase.[18,21,22] Nestas condições, a peroxidação lipídica elevada pode favorecer a produção de tromboxano A2 que, por sua vez, é um produto da peroxidação lipídica através dos endoperóxidos cíclicos. A diminuição da síntese de prostaciclina circulante ou produzida localmente pode ser responsável pelas alterações da pressão arterial e da coagulação na doença.[9] Um relatório recente de Wallenburg e Dekker[23] indica o efeito benéfico da aspirina em baixas doses na prevenção da hipertensão induzida pela gravidez e da pré-eclâmpsia em primigestas sensíveis à angiotensina. Segundo Thorp e colaboradores[24] , uma dose baixa de aspirina inibe a produção de tromboxano, mas não de prostaciclina, pelas artérias placentárias humanas. Spitz e colaboradores[25] estudaram o efeito de uma dose baixa de aspirina nas respostas pressoras da angiotensina II e nas concentrações de prostaglandinas no sangue de mulheres grávidas sensíveis à AII. Estes autores concluíram que o efeito benéfico da aspirina em doses baixas na prevenção da pré-eclâmpsia pode ser atribuído à supressão da síntese de tromboxano A2 com relativa poupança da síntese de prostaciclina. No entanto, a utilização de aspirina tem probabilidades de complicações hemorrágicas que dependem, de forma crítica, da dose utilizada.

Um estudo longitudinal do sistema renina-angiotensina-aldosterona em grávidas hipertensas foi efectuado por August e colaboradores[26] em 1990, em 25 grávidas. Inicialmente, o sistema renina-angiotensina-aldosterona permaneceu estimulado, mas no início do terceiro trimestre, quando a pré-eclâmpsia foi diagnosticada, a atividade da renina plasmática e a excreção de aldosterona na urina diminuíram.

Em vários estudos, observou-se que o sistema renina-angiotensina é suprimido na pré-eclâmpsia, mas os níveis de AII continuam a ser mais elevados do que os de não grávidas. A prostaciclina estimula este sistema, pelo que uma produção deficiente de prostaciclina pode explicar o facto de os níveis de AII serem mais baixos na pré-eclâmpsia do que em gravidezes normais.[8,10,12]

Dados recentes sugerem que a disfunção das células endoteliais maternas é uma caraterística patogénica central da pré-eclâmpsia.[7,13] As células endoteliais que revestem o sistema vascular actuam como uma barreira entre o sangue circulante e o espaço extravascular; sabe-se que estas células regulam a permeabilidade dos vasos sanguíneos e sintetizam e iniciam os agentes vasoactivos e a atividade antitrombótica.[27] A lesão das células endoteliais provoca vasoespasmo e aumenta a sensibilidade aos agentes vasopressores, a coagulação intravascular e a permeabilidade da membrana. A lesão das células endoteliais foi descrita numa variedade de doenças hipertensivas, como a aterosclerose e a vasculite, e acredita-se que desempenhe um papel na patogénese destas doenças.[28] Existem provas consideráveis de que a lesão das células endoteliais está presente em mulheres com pré-eclâmpsia. Uma caraterística da lesão das células endoteliais que a torna apelativa como evento primário na pré-eclâmpsia é a sua tendência para se auto-acelerar.[7] O endotélio vascular constitui um alvo único para os produtos da perfusão placentária reduzida transportados pelo sangue, o que poderia explicar as diversas alterações fisiopatológicas da pré-eclâmpsia.[7] A perda do efeito citoprotector do endotélio normal conduziria a um aumento do vasoespasmo arterial, a uma maior sensibilidade aos vasopressores e à coagulação intravascular, o que reduziria a perfusão distal ao local da lesão.[7,27,28] Foi sugerido que um determinado fator sérico citotóxico conduz à disfunção das células endoteliais (na pré-eclâmpsia)[1] 4, Os anticorpos anti-vasculares têm sido implicados na patogénese de uma variedade de estados patológicos. Os recentes modelos animais de Rapport[29] sugeriram que a doença clínica poderia ser induzida por anticorpos contra células endoteliais antivasculares. Os investigadores utilizaram um imunoensaio sensível, usando monocamadas de células endoteliais intactas e adicionaram soros de mulheres pré-eclâmpticas antes e depois do parto.

Verificou-se que os anticorpos anti-células endoteliais vasculares no soro de mulheres com pré-eclâmpsia eram IgG e IgM. Os investigadores também demonstraram que a ligação de anticorpos anti-células endoteliais vasculares e complexos imunes a monocamadas de células endoteliais em repouso resultava na alteração da secreção de prostaciclina, no aumento da adesão das plaquetas, na ativação da cascata do complemento e na rutura da monocamada.[29] Verificou-se um aumento da citotoxicidade nos soros pré-eclâmpsia antes do parto, em comparação com os soros pós-parto.[1] 4 Estes relatórios sugerem que o soro pré-eclâmpsia contém atividade antiproliferativa ou citotóxica e que a presença de anticorpos anti-células endoteliais vasculares pode aumentar esta atividade. A origem e a especificidade dos anticorpos contra as células endoteliais vasculares na pré-eclâmpsia não são claras. A lesão endotelial pode ocorrer por um processo mais primário, resultando numa maior exposição de antigénios ocultos.[29]

Atualmente, a identidade do(s) fator(es) que causa(m) a lesão das células endoteliais na pré-eclâmpsia é especulativa. No entanto, o rápido desaparecimento do efeito citotóxico do soro após o parto indica que este fator tem uma semi-vida relativamente curta e é pouco provável que seja uma imunoglobulina.[14] Hubel e colaboradores[9] sugeriram que os peróxidos lipídicos, que estão aumentados na pré-eclâmpsia e que são conhecidos por lesarem as membranas celulares, podem desempenhar um papel importante nesta doença. As alterações fisiopatológicas da pré-eclâmpsia sugerem que a redução da perfusão dos órgãos é a origem da disfunção multiorgânica na pré-eclâmpsia.[9,30] A placentação defeituosa e a hipoxia subsequente podem desencadear o processo de radicais livres e o início da peroxidação lipídica generalizada.[31] A elevação experimental dos peróxidos lipídicos circulantes em animais pode reproduzir os sinais de disfunção das células endoteliais (que podem ser evitados pela vitamina E, antioxidantes sintéticos) observados na pré-eclâmpsia humana.[32] Alguns trabalhadores indicaram que os níveis sanguíneos dos produtos de peroxidação lipídica estão elevados na pré-eclampsia em relação às grávidas normais.[11,33,34,36] O aumento da peroxidação lipídica sérica durante a gravidez e o aumento relativamente maior na pré-eclâmpsia podem estar em grande parte confinados às fracções ligadas às lipoproteínas. Os peróxidos lipídicos livres e ligados às lipoproteínas de baixa densidade são citotóxicos para as células endoteliais, um efeito que pode ser prevenido com antioxidantes[32,35,37] Os peróxidos lipídicos circulantes inibem a prostaciclina, um vasodilatador derivado das células endoteliais, através da inibição da prostaciclina sintetase.[21,22,38] Espera-se que o grau de aumento dos níveis de peróxidos lipídicos no sangue estimado na pré-eclâmpsia suprima a síntese de prostaciclina das células endoteliais. A síntese de tromboxano A2 nas plaquetas, contudo, não é influenciada negativamente pelos peróxidos lipídicos.[15] No entanto, a natureza dos radicais livres ou das espécies activas de oxigénio responsáveis pelo aumento da peroxidação lipídica na pré-eclâmpsia ainda não foi adequadamente explorada. Qualquer espécie com reatividade suficiente para abstrair H iniciará a peroxidação lipídica. As espécies que o podem fazer incluem o radical °OH, o radical alcoxil (RO), o radical peroxil (ROO) e possivelmente *H2O, mas não H2O2 ou O2.[39,40]O endotélio vascular produz o fator de relaxamento derivado do endotélio, atualmente designado por óxido nítrico derivado do endotélio, EDNO (anteriormente designado por fator de relaxamento derivado do endotélio EDRF). O EDNO é inactivado pelo anião superóxido.[41] Além disso, um relatório preliminar indica que o LDL oxidado inibe o EDNO das células endoteliais em cultura.[42] A inibição da EDNO perturbaria as actividades defensivas do endotélio contra o vasoespasmo e a trombose. A anomalia morfológica mais consistente nas mulheres pré-eclâmpticas é a lesão renal denominada endoteliose glomerular[43] , na qual as células endoteliais capilares glomerulares se encontram ingurgitadas com inclusões intracelulares. As caraterísticas clínicas proeminentes do edema da pré-eclâmpsia e das fugas capilares glomerulares são consistentes com a perda das funções normais de transporte endotelial.[7,9,13] A prova bioquímica deste facto é o aumento dos níveis de fibronectina e dos antigénios do fator VIII no sangue das mulheres pré-eclâmpticas.[43,45]

RADICAIS LIVRES E PEROXIDAÇÃO LIPÍDICA

Os radicais livres são espécies químicas reactivas que diferem de outros compostos por terem electrões não emparelhados nas suas orbitais exteriores.[39] A palavra "livre" no termo "radical livre" é um reconhecimento da controvérsia que ocorreu no final do século passado sobre se os radicais poderiam existir numa forma livre. Com a descoberta da sua existência, os termos "radicais livres" e "radicais" tornaram-se sinónimos. A definição lata de radicais livres inclui também iões de metais de transição, átomos de hidrogénio e a própria molécula de oxigénio.[47,48] A presença de um único eletrão não emparelhado na sua orbital externa de um radical livre é convencionalmente representada por um ponto sobrescrito, R.

BIOLOGIA DOS RADICAIS LIVRES

Em primeiro lugar, é necessário compreender que a molécula de oxigénio diatómico no estado fundamental (O2) é, ela própria, um radical,[47] com dois electrões desemparelhados localizados numa orbital anti-ligação II*. Os dois electrões desemparelhados têm spin paralelo e, por isso, se o O2 tentar oxidar outro átomo ou molécula aceitando um par de electrões, os dois novos electrões têm de ter spins paralelos para caberem nos espaços vagos das orbitais II*. A maioria das biomoléculas são radicais não ligados covalentemente e os dois e- que formam uma ligação covalente têm spins opostos e ocupam a mesma orbital molecular. Assim, a reação do oxigénio com as biomoléculas é restrita em termos de spin; o corpo humano, com a sua grande "reserva" de carbono e hidrogénio nas biomoléculas, é termodinamicamente instável no ar, mas não entramos em combustão espontânea até que seja fornecida energia para quebrar algumas ligações de forma homolítica, produzindo radicais de carbono que se combinam rapidamente com o oxigénio. Os metais de transição encontram-se nos locais activos da maioria das enzimas oxidase e oxigenase porque a sua capacidade de aceitar e doar electrões simples pode ultrapassar esta restrição de spin do oxigénio.[39,46] Além disso, o O2 pode aumentar a sua reatividade deslocando um dos seus electrões para aliviar a restrição de spin e (gera oxigénio singlete O2 g, o mais importante nos sistemas biológicos, não tem electrões não emparelhados e, por conseguinte, não é considerado um radical. Algumas doenças podem levar à formação excessiva de O2 singlete, como é o caso das porfirias. Afirma-se frequentemente que o O_2 simples é formado pela dismutação do radical O_2 e durante a explosão respiratória das células fagocíticas.[47,4] 8 O oxigénio simples é utilizado no tratamento de cancros por fotossensibilização (terapia fotodinâmica). [49] Os radicais livres são essenciais para muitos processos biológicos normais. Estão envolvidos na reação da ciclo-oxigenase e da lipooxigenase no metabolismo dos eicosanóides,[18-20] "durante a conversão do PGG_2, em PGH_2, e do ácido hidroperoxil- eicosatetraenóico nos derivados hidroxilo, são intermediários e/ou produtos de reacções catalisadas por enzimas, por exemplo a formação do radical tirosilo no mecanismo de ação da ribonucleótido redutase; fazem parte da cascata de acontecimentos na resposta dos tecidos a microrganismos invasores que envolvem a geração de radicais superóxidos; são moléculas reguladoras em processos bioquímicos,[49-51] por exemplo, o óxido nítrico. No entanto, os radicais livres podem tornar-se altamente destrutivos para as células e os tecidos se a sua produção não for rigorosamente controlada. O corpo possui defesas antioxidantes para lidar com a produção elevada ou acidental de radicais. [52] No entanto, quando existe um desequilíbrio entre os radicais livres gerados e os mecanismos de proteção que os eliminam, então a produção excessiva de radicais pode ser prejudicial.[53-54] Alguns oxidantes biologicamente importantes não são radicais, por exemplo, o peróxido de hidrogénio, o ácido hipocloroso, o ozono e o oxigénio singlete. São por vezes referidos, juntamente com os radicais centrados no oxigénio, como "espécies activas de oxigénio".[55]

Factores que influenciam a libertação de radicais livres nas células e nos tecidos:

A toxicidade do oxigénio está relacionada com a sua elevada afinidade eletrónica, produzindo uma variedade de intermediários potencialmente prejudiciais **(Fig.1)**

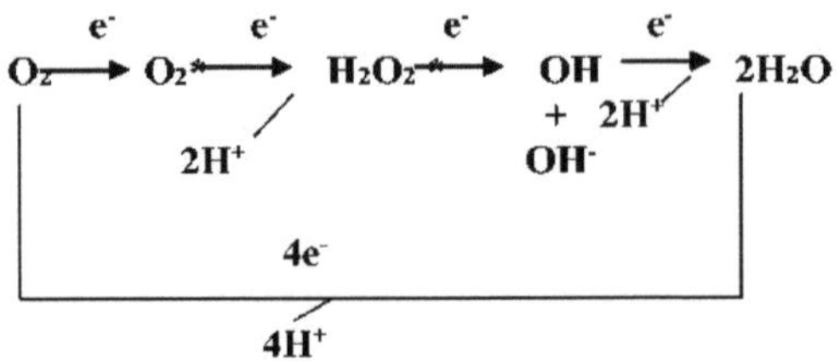

Fig.1 A redução do oxigénio

Superóxido, peróxido de hidrogénio, radical hidroxilo, e à sua tendência para se juntar a radicais (R) para dar radicais peroxilo (ROO). Pode também estar envolvido na produção de oxigénio singlete, uma forma de oxigénio excitada eletronicamente, que pode reagir com ácidos gordos polinsaturados, na ativação de proteínas e enzimas e reagir com a guanina no ADN e ARN.[47,56]

Um dos principais agentes e mediadores da toxicidade do oxigénio in vivo é o radical superóxido.

O radical superóxido pode ser formado in vivo de várias formas.[38,39]

1. A principal fonte é a atividade das cadeias de transporte de electrões mitocondriais e microssomais.

A redução de 4 electrões do oxigénio em água é, obviamente, o processo normal subjacente ao transporte de electrões nas mitocôndrias

$$O_2 + 4H^- + e^- \rightarrow H_2O$$

A citocromo oxidase mantém todos os intermediários de oxigénio parcialmente reduzidos firmemente ligados ao seu centro ativo e, em geral, há pouca fuga de electrões. No entanto, alguns outros componentes da cadeia de transporte de electrões podem perder electrões diretamente para o oxigénio.

2. A explosão respiratória dos neutrófilos quando encontram partículas estranhas ou dos macrófagos. A absorção de oxigénio pelos neutrófilos e macrófagos activados deve-se à ação do complexo NADPH-Oxidase associado à membrana plasmática. Os electrões libertados pela oxidação do NADPH reduzem o oxigénio a radical superóxido.[57] É o produto da reação dos iões superóxido que se acredita ser parcialmente responsável pela remoção e destruição de bactérias e células danificadas. Os grânulos no citoplasma dos neutrófilos libertam mieloperoxidase que utiliza H2O2 como substrato e oxida o cloreto em ácido hipocloroso. Este último pode oxidar muitas moléculas biológicas, especialmente grupos tiol reduzidos. Isto leva a uma série de eventos adicionais que culminam na morte da bactéria.

$$2H^+ + 2O_2^{\bullet} \xrightarrow{SOD} H_2O_2 + O_2 \quad ......(1)$$

$$H_2O_2 + Cl^- \xrightarrow{myeloperoxidase} HOCl + OH^- \quad .....(2)$$

3. Para além dos neutrófilos e dos macrófagos, está documentado que vários outros tipos de células geram radicais superóxidos, incluindo os fibroblastos, as células mesangiais, as células musculares lisas e as células endoteliais, nos dois primeiros casos através de uma enzima ligada à membrana que pode ser uma NADPH oxidase (Jones 1991),[57] e nos últimos através da Xantina oxidase.

A superóxido dismutase está presente em todas as células aeróbias e reduz o superóxido a peróxido de hidrogénio. O H2O2 não é um radical e é geralmente relativamente pouco reativo. A citotoxicidade do H2O2 deve-se, em parte, à amplificação da sua reatividade quando entra em contacto com :

1. Quelatos de ferro ou de cobre de baixo peso molecular, "livres", numa forma catalítica, quando podem ser gerados radicais hidroxilo por reacções de Fenton:[46,58]

$$Fe^{+2} + H_2O_2 \longrightarrow {}^{\circ}OH + OH^- + Fe^+$$

2. Proteínas que contêm heme, activando-as para transportar espécies (Fig. 2)

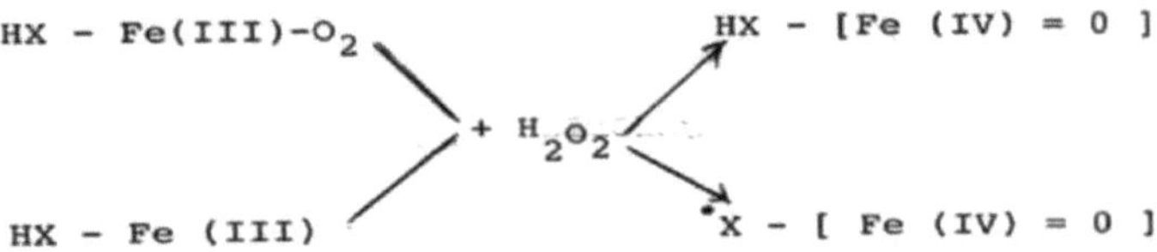

Fig. 2 Formação de espécies de ferry a partir de proteínas de oxigénio e meta-hem.

O radical hidroxilo pode também ser formado por uma reação do tipo Haber-Weiss catalisada pelo ferro, cujo efeito líquido é uma interação entre o H2O2 e o radical O2 (superóxido) na presença de vestígios de iões de metais de transição para formar o radical hidroxilo, o ião hidroxilo e o oxigénio.[39,40]

$$O_2^{\bullet} + H_2O_2 \xrightarrow[\text{Catalyst}]{\text{Fe salt}} O_2 + {}^{\bullet}OH + OH^-$$

A predisposição para a toxicidade do oxigénio depende da presença de quantidades variáveis de vitamina

A, C e E; oligoelementos Mn, Cu, Zn e Se; e ácidos gordos polinsaturados e antioxidantes adicionados aos alimentos.[58]

Os sistemas biológicos são continuamente desafiados por pró-oxidantes que são gerados exogenamente ou a partir de fontes endógenas. No decurso normal dos acontecimentos, as células dispõem de mecanismos de defesa antirradicalares adequados, tanto os sintetizados in vivo como os que são absorvidos pela alimentação. Assim, o stress oxidativo ocorre quando o equilíbrio entre pró-oxidantes e antioxidantes é alterado a favor dos pró-oxidantes. Os antioxidantes podem ser enzimáticos (superóxido dismutase, glutatião peroxidase e catalase) ou não enzimáticos (ácido ascórbico, vitamina E, ácido úrico, glutatião, transferrina, ceruloplasmina, cisteína, cistina, tióis, manitol, P-caroteno, bilirrubina e albumina).

Enzimático (antioxidantes intracelulares) -

Superóxido dismutase

A principal enzima antioxidante intracelular das células aeróbias, a forma Cu-Zn no citoplasma e a forma manganês na mitocôndria, reduz muito rápida e especificamente os radicais superóxidos a peróxido de hidrogénio.

Glutatião peroxidase/Glutatião transferases:

A glutationa peroxidase contendo Se é essencial para a remoção do peróxido de hidrogénio, reduzindo-o a água à custa de equivalentes redutores doados pela GSH e para a remoção de peróxidos lipídicos após a clivagem das membranas.

$$2\,GSH + H_2O_2 \text{ -----------}\rightarrow GS\text{-}SG + 2H_2O$$

$$2\,GSH + LOOH \text{ ---------}\rightarrow GS\text{-}SG + LOH + H_2O$$

Assim, a manutenção do glutatião reduzido é essencial para apoiar a atividade desta enzima.

Glutathione reductase

$$GS\text{-}SG + NADPH + H^{-} \text{ -------------------------}\rightarrow 2GSH + NADP^{-}$$

CATALASE

A catalase reage muito rapidamente com o peróxido de hidrogénio, convertendo-o em água e oxigénio. Encontra-se no citoplasma dos eritrócitos, mas está compartimentada nos peroxissomas da maioria das outras células. **COENZIMA Q**

(UBIQUINONA)

A coenzima Q, para além da sua função de transportador de electrões na cadeia de transferência de electrões mitocondrial e no ciclo Q da função energética, tem sido referida como um antioxidante na sua forma de hidroquinona.[39] O mecanismo de ação ainda não é claro, mas vários estudos em sistemas subcelulares, em animais intactos e em seres humanos num contexto clínico apoiam uma das funções da coenzima Q como protetor da membrana e, possivelmente, do LDL contra os danos causados pelos radicais livres.

PROTECÇÃO NÃO-ENZIMÁTICA

ASCORBATE

O ascorbato é considerado o antioxidante de fase aquosa mais eficaz no plasma sanguíneo humano, protegendo contra os oxidantes libertados pelos leucócitos polimorfonucleares e contra os radicais peroxilo solúveis em lípidos.

α-TOCOFEROL

Trata-se de um antioxidante de quebra de cadeias ligado à membrana (lipossolúvel) que reage com o peroxilo e outros radicais reactivos. É o antioxidante mais importante e será analisado mais adiante.

URATE

O urato tem potencial para quelar o ferro e o cobre, tornando-os não reactivos e inibindo assim a peroxidação lipídica.

TRANSFERIR

É a sua capacidade como proteína de ligação ao ferro que a torna também capaz de funcionar como antioxidante, tornando o ferro (III) indisponível para participar em reacções radicalares catalisadas pelo ferro. **CERULOPLASMINA**

Esta proteína contendo cobre é considerada como um inibidor + fisiológico da peroxidação lipídica. Actua como antioxidante em virtude da sua atividade ferroxidase, convertendo o ferro (II) em ferro (III) por transferência de eleição.

ALBUMIN

A albumina, uma das proteínas mais importantes do plasma humano, pode ligar-se fortemente ao cobre (ii) e fracamente ao ferro. O cobre (11) ligado à albumina continua a ser eficaz na geração de espécies radicalares na presença de peróxido de hidrogénio. Assim, as macromoléculas que funcionam por este mecanismo são chamadas antioxidantes de sacrifício, uma vez que o radical hidroxilo é gerado localmente na proteína e reage no local específico.

β -CAROTENO

Elimina o oxigénio singlete e os radicais peroxilo.

BILIRUBIN

Foi proposto que a bilirrubina é um antioxidante eficaz em termos da sua capacidade de proteger os ácidos gordos poli-insaturados ligados à albumina.

PEROXIDAÇÃO LIPÍDICA

A peroxidação lipídica foi definida em termos gerais como "a deterioração oxidativa dos ácidos gordos insaturados,[53] A peroxidação lipídica é um processo que ocorre normalmente em níveis baixos em todas as células e tecidos. [50,52] Os baixos níveis de peroxidação lipídica são essenciais para muitos processos celulares normais porque uma pequena quantidade de peróxidos lipídicos e produtos de degradação semi-estáveis actuam como mensageiros intracelulares e extracelulares.[50,51] Envolve a conversão oxidativa de ácidos gordos insaturados presentes na camada fosfolipídica da membrana celular em produtos primários conhecidos como hidroperóxidos lipídicos e endoperóxidos lipídicos.[56] Os endoperóxidos cíclicos lipídicos, após degradação posterior, resultam na formação de malonaldeído (MDA) e alcenos. Embora o radical livre envolvido na iniciação não esteja identificado, é provavelmente uma espécie centrada no oxigénio, como os radicais livres de hidroxilo e/ou complexos de oxigénio de ferro quelatado de natureza indeterminada.[46,59] As condições que podem estimular a peroxidação lipídica são numerosas e incluem a hiperóxia, a hipoxia, a toxicidade do cobre ou do ferro e as deficiências de anti-oxidantes:[35,55,60,61] Qualquer desequilíbrio entre as forças pró-oxidantes e antioxidantes, em que as primeiras dominam, pode ser amplamente definido como "STRESS OXIDATIVO", do qual a peroxidação lipídica é uma apresentação importante.[49,55,60,61]

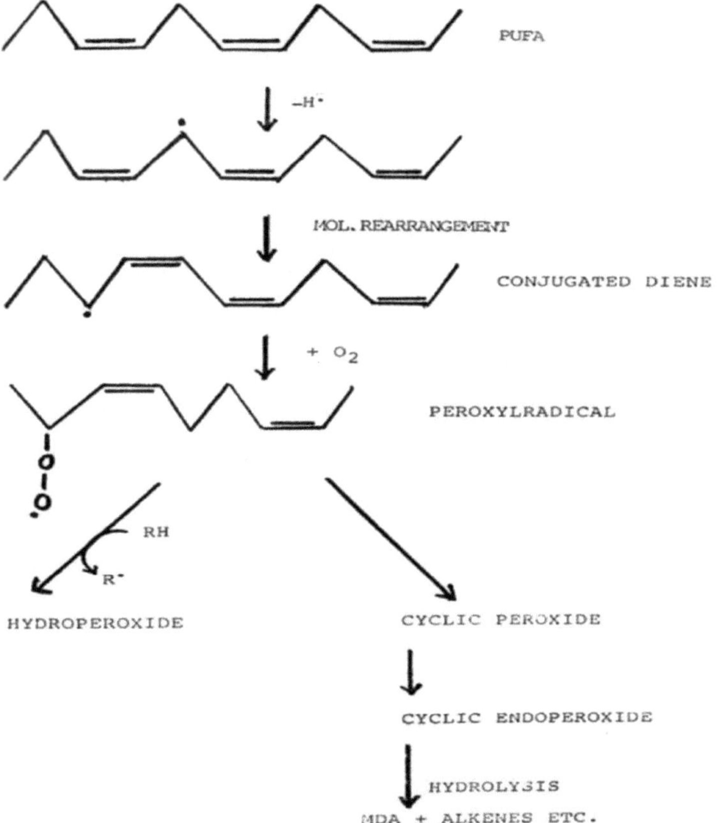

Fig.3 Mecanismo de degeneração peroxidativa de um ácido gordo polinsaturado

A peroxidação lipídica pode ser iniciada por qualquer radical livre primário que tenha reatividade suficiente para extrair um átomo de hidrogénio (Fig. 3), para formar um grupo metileno reativo de um ácido gordo insaturado. Por exemplo, podem estar envolvidas espécies como °OH, RO° , ROO° e R° . A formação de espécies iniciadoras é acompanhada por um rearranjo de ligações que resulta na estabilização por formação de conjugados de dieno. O radical lipídico absorve então oxigénio para formar o radical peroxilo. Os radicais peroxilo podem combinar-se entre si ou podem atacar as proteínas da membrana, mas também são capazes de retirar hidrogénio de cadeias laterais de ácidos gordos adjacentes numa membrana, propagando assim a reação em cadeia da peroxidação lipídica.[39,40,56] Assim, um único evento de iniciação pode resultar na conversão de centenas de cadeias laterais de ácidos gordos em mono-hidroperóxidos lipídicos. Esta fase de propagação pode ser repetida muitas vezes e continua se houver oxigénio e cadeias de ácidos gordos não oxidadas disponíveis.[47,48,60] A presença na membrana de um antioxidante de quebra de cadeias, como o α-tocoferol, também interrompe a fase de propagação. O seu papel será discutido mais tarde.

Embora a peroxidação lipídica afecte muitos componentes celulares, os principais locais envolvem ácidos gordos polinsaturados associados à membrana e tióis proteicos.[34] A peroxidação dos ácidos gordos associados à membrana e do colesterol altera as caraterísticas de fluidez e permeabilidade da membrana e pode eventualmente produzir danos generalizados na membrana,[53,54,56] eventual rutura da membrana leva à libertação de conteúdos celulares e organelos, por exemplo, enzimas hidrolíticas lisossomais.[62] Alguns produtos finais da peroxidação lipídica são também citotóxicos.[56,69] A maior parte do alarido é feito sobre o malonaldeído (por vezes chamado malondialdeído), mas este é apenas um de um grande número de compostos de carbonilo formados no sistema de peroxidação.[64] Outros aldeídos tóxicos incluem o 4,5-dihidroxi-decenal[65] e o 4-hidroxi-nonenal.[55] Os peróxidos lipídicos e/ou os aldeídos citotóxicos deles derivados podem bloquear a ação dos macrófagos, inibir a síntese proteica, matar bactérias, inativar enzimas, reticular proteínas e gerar trombina. [56,64,66-69]

Além disso, o malonaldeído interage com os tióis das proteínas, faz ligações cruzadas entre os grupos amino dos lípidos e das proteínas e dá origem a cromolípidos e proteínas agregadas.[70] Foi demonstrado que a alteração do reconhecimento das partículas de LDL é iniciada pela oxidação das cadeias laterais dos ácidos gordos poli-insaturados e tudo indica que os produtos de degradação aldeídicos, como o MDA, 4- hidroxinonenal difundem-se na estrutura da porção B da apo-lipoproteína e modificam os grupos amino dos resíduos de lisina, alterando a carga e as propriedades de reconhecimento das moléculas de LDL.[71-73] A LDL modificada oxidativamente tem uma carga mais negativa e liga-se ao recetor do macrófago, frequentemente referido como recetor scavenger. Tanto a LDL nativa como a oxidada influenciam a atividade das plaquetas, das células endoteliais e das células musculares lisas. O mecanismo pelo qual os vários tipos de células oxidam as LDL ainda não é claro.[71]

Foi utilizada uma grande variedade de técnicas para demonstrar que a peroxidação lipídica aumenta em vários estados de doença e em tecidos envenenados por uma série de toxinas diferentes. Por detrás de muitos destes relatórios está o pressuposto tácito de que a doença ou a toxina causa um aumento da peroxidação lipídica, que é então responsável pela toxicidade. No entanto, foi estabelecido há muitos anos que os tecidos danificados sofrem peroxidação lipídica mais rapidamente do que os tecidos saudáveis.[74,75] As razões para este aumento da peroxidabilidade lipídica dos tecidos danificados incluem a inativação de alguns antioxidantes, a fuga de antioxidantes da célula[75] e a libertação de iões metálicos (especialmente ferro e cobre) dos locais de armazenamento[48] e de metaloproteínas hidrolisadas por enzimas libertadas dos lisossomas danificados. Assim, a série de acontecimentos que se seguem pode explicar muitos dos relatos de peroxidação lipídica elevada em caso de doença ou toxicidade:[37,37,39,40,49,56,61-63,65,74,75] ***Doença ou toxina -½danos celulares ou morte - ^Aumento da peroxidação lipídica***

Não é claro se a peroxidação lipídica é a principal causa da lesão tecidular ou se é um acompanhamento da mesma. No entanto, o que é claro é que os tecidos doentes ou danificados sofrem reacções radicais mais rapidamente do que o normal, o que pode exacerbar a lesão primária}, A indicação de que os peróxidos lipídicos estão elevados no sangue de mulheres com pré-eclâmpsia foi obtida pela primeira vez através da análise colorimétrica do MDA (malonaldeído) sérico, um importante produto de decomposição separado dos peróxidos lipídicos.[33,76] Na gravidez normal, um aumento dos níveis de MDA foi associado a um aumento dos lípidos séricos totais, indicando que o rácio entre o peróxido lipídico e o lípido total não se alterou.[33] Novak Z et al.[77] efectuaram um estudo comparativo das enzimas antioxidantes e da peroxidação lipídica em hemolisados de glóbulos vermelhos do cordão umbilical e maternos em cinquenta doentes. Observaram um aumento da atividade da enzima glutationa peroxidase e um aumento dos níveis de peróxido lipídico (MDA) no sangue do cordão umbilical. Apresentaram duas razões possíveis para um aumento da atividade da enzima: (i) um aumento da quantidade de GSH ou (ii) um aumento da quantidade do outro substrato, H2O2 ou hidroperóxidos.

Esta última possibilidade foi apoiada pelos seus dados que mostram que o nível de peroxidação lipídica (MDA) no hemolisado de hemácias do sangue do cordão umbilical é significativamente mais elevado do que o nível do sangue materno. Dados recentes sugerem que o tecido placentário pode ser uma fonte importante de produtos de peroxidação lipídica na gravidez.[34]

A peroxidação lipídica mediada por radicais livres em seres humanos Os radicais livres nos microssomas do tecido placentário aumentam em função da idade gestacional quando é fornecida uma concentração fixa de catalisadores de peroxidação (nicotinamida reduzida, nucleótido de adenosina, difosfato de adenosina e cloreto férrico).[31,48] O "pigmento de envelhecimento" lipofuscina foi encontrado em maior concentração na placenta de termo em comparação com as placentas com menos de 32 semanas de gestação. A placenta humana contém graus elevados de atividade lipo-oxigenase intrínseca, o que leva a especular que actividades lipo-oxigenase aberrantes, que conduzem a um aumento da produção de produtos de peroxidação do ácido araquidónico, podem contribuir para as complicações da pré-eclâmpsia.[3] 4 Enquanto outros investigadores concluíram que a peroxidação lipídica na placenta é uma peroxidação lipídica insaturada não específica, em oposição à produção de endoperóxidos de prostaglandina.[9,31]

O útero grávido possui uma atividade de peroxidase lipídica específica para a formação de PG, uma vez que com o ácido araquidónico a atividade enzimática pode ser aumentada e com a prostaciclina pode ser inibida.[34] Alguns autores sugerem que não existe biossíntese de prostaglandinas na placenta humana, o que é apoiado pelos resultados negativos do exame de incorporação de 14C-ácido araquidónico-PG. [34]

A peroxidação lipídica é um processo que é determinado pela extensão dos mecanismos de radicais livres formadores de peróxidos e pelo sistema anti-oxidante de remoção de peróxidos.[37,52] A vitamina E é uma das moléculas anti-oxidantes mais importantes, residindo principalmente nas membranas celulares e eliminando uma grande variedade de radicais livres. [32,36,78]

A vitamina E actua como um eliminador de radicais livres, protegendo contra a peroxidação lipídica. A sua natureza lipossolúvel permite-lhe concentrar-se preferencialmente na bicamada fosfolipídica da membrana celular e nas lipoproteínas do sangue. É um potente eliminador do oxigénio singlete e pode reagir com o radical superóxido e com o radical peroxil dos lípidos, sendo a própria vitamina E convertida num radical fracamente reativo (A*) e causando a terminação da cadeia. [78]

ROO* + AH-----------------→ ROOH + A*

ROO* + A*------------------→ ROOA

O radical da vitamina E é reduzido de novo a vitamina E pelo ascorbato e pelo glutatião.[17]

Pouco se sabe sobre o estado antioxidante nas complicações hipertensivas da gravidez. Apesar de os níveis de vitamina E aumentarem durante a frequência normal, não há dados convincentes sobre o estado dos antioxidantes na gravidez.

No entanto, não há provas de que os níveis de vitamina E no sangue estejam alterados na pré-eclâmpsia.[7,9,79] Numa revisão da literatura, foi encontrado um relatório que mostrava um aumento controverso do nível de vitamina E na pré-eclâmpsia.[80] Embora o MDA estivesse aumentado nestas doentes, o nível de vitamina E também estava aumentado devido a um mecanismo compensatório. Assim, o papel dos radicais livres parece ser importante. Por conseguinte, propõe-se o estudo do seu papel na pré-eclâmpsia. A partir desta revisão, parece que a peroxidação lipídica pode ser importante na pré-eclâmpsia. No entanto, existem poucos relatórios em que os antioxidantes também tenham sido investigados.[79-81] A peroxidação lipídica ocorre apenas depois de o sistema antioxidante estar esgotado e, por conseguinte, é razoável presumir que, quando o MDA está elevado, é de esperar um estado antioxidante baixo (especialmente a vitamina E). Por conseguinte, propõe-se estimar os níveis de MDA e de vitamina E na pré-eclâmpsia.

CAPÍTULO 3: MATERIAIS E MÉTODOS

MATERIAIS E MÉTODOS

O presente estudo foi efectuado num total de 75 doentes (25 doentes com pré-eclâmpsia, 25 grávidas normotensas com idade e paridade equivalentes e 25 mulheres saudáveis não grávidas com idade e paridade equivalentes) internadas na enfermaria de Obstetrícia e Ginecologia do Medical College & Hospital, Rohtak, entre outubro de 1993 e março de 1994.

Grupo I (Grupo de controlo)

Grupo -A: composto por 25 mulheres normais, saudáveis e não grávidas, com idades compreendidas entre os 18 e os 40 anos.

Grupo - B: Composto por 25 gestantes normotensas na faixa etária de 18 a 40 anos entre 32 e 40 semanas de gestação.

Grupo - II (Grupo de Estudo)-

Composto por 25 mulheres pré-eclâmpticas na faixa etária de 18 a 40 anos, entre 32 e 40 semanas de gestação.

Os doentes com uma tensão arterial de 140/90 mm Hg ou mais em duas ocasiões com 6 horas de intervalo, com proteinúria e/ou edema foram incluídos no estudo.

Em cada doente, foi efectuada uma história detalhada, um exame físico e investigações de rotina, de acordo com o formulário em anexo (Anexo I). Em cada doente, foram efectuados os seguintes exames bioquímicos de rotina, para além dos registados no formulário:

1. Ácido úrico [82]
2. Colesterol [83]

Todos os doentes foram examinados quanto à presença de diabetes mellitus, doença renal e hipertensão primária ou qualquer outra doença sistémica e, se presentes, foram excluídos do estudo. Antes de iniciar qualquer medicação anti-hipertensiva nos doentes, foram colhidas amostras para o estudo do malonaldeído (MDA) e da vitamina E. Foram colhidos 5 ml de sangue venoso da veia antecubital do doente em condições assépticas. O sangue foi deixado a coagular a 37°C durante 30 minutos e o soro foi separado por centrifugação. As amostras de soro foram imediatamente analisadas quanto aos níveis de malonaldeído (MDA) e vitamina E. As doentes foram seguidas quanto ao desfecho da gravidez e foi efectuada uma comparação destes dois parâmetros com a gravidade e o desfecho da gravidez. A estimativa do malonaldeído (MDA) e da vitamina E foi efectuada de acordo com os métodos descritos

abaixo: **Estimativa do malonaldeído (MDA) :**

Os níveis de MDA foram estimados pelo seguinte método: [84]

Princípio:

O ácido tiobarbitúrico (TBA) reage com o malonaldeído para formar uma cor rosa estável com um máximo de absorção a 535 mm. A simplicidade e a sensibilidade do método TBA tornaram-no o indicador de peroxidação lipídica mais utilizado.

Reagentes:

1. **TBA de reserva**: Foi preparado dissolvendo 200 mg de TBA (ácido tio-barbitúrico) em 10 ml de água destilada e adicionando 2,5 ml de NaOH IN e 2,5 ml de ácido perclórico a 7%. Adicionou-se água suficiente para perfazer um volume final de 25 ml. O produto é estável até 4 dias à temperatura ambiente.
2. **TBA de trabalho**: Foi preparado adicionando 1 ml de ácido perclórico a 7% a 2 ml de TBA de reserva.
3. **Tampão Tris:** 0,2 M com um pH de 7,4. É estável durante um mês a 4° C.
4. **KCl**: Foi preparado adicionando 1,192 g de KCl em 100 ml de água destilada.

5. **Tampão Tri + solução de KCl:** 20 ml de solução de KCl + 0,1 ml de tampão Tris com pH de 7,4.

6. EM NaOH

Procedimento:

A 0,1 ml de soro num tubo de ensaio, adicionaram-se 1,4 ml de tampão Tris e 1,5 ml de TBA de trabalho. O tubo foi mantido num banho de água a ferver durante 10 minutos. Após arrefecimento do tubo de ensaio, foram adicionados 3,0 ml de solução fresca de piridina-butanol na proporção de 3:1. Por fim, adicionou-se 1,0 ml de NaOH A estável a 1N, obtendo-se um volume final de 7,0 ml de solução. A densidade ótica da cor rosa da solução foi lida a 548 nm. Foi também criado um controlo para comparação.

Cálculo do MDA sérico:

$$MDA = \frac{V \times OD_{548}}{0.152} = \frac{7 \times OD_{548}}{0.152}$$

$$= 46\ OD_{548}\ \text{nmol/1.5 ml of TBA}$$

$$= \frac{46 \times OD_{548}}{1.5}\ \text{nmol/ ml of TBA}$$

Onde:

V= volume final da solução de ensaio

DO $_{548}$ = densidade ótica a 548 nm

Os resultados foram expressos em nanomole/ml

Vitamina E sérica : A vitamina E sérica foi estimada pelo método descrito a seguir:

Princípio

Após precipitação das proteínas do soro com etanol, a vitamina é extraída do soro para hexano, o α-tocoferol livre é exposto a luz ultravioleta a 295 nm e a fluorescência é medida a 330 nm.

Reagentes

1. Hexano destilado -

destilar 11 de solvente de qualidade reagente, rejeitando os primeiros 25 ml e os últimos 100 ml.

2. Etanol destilado -

Destilar 1 1 sobre 20 g de KOH, rejeitando os primeiros 25 ml e os últimos 100 ml.

3. Água redestilada-

destilar água desionizada ou redestilar água destilada num aparelho de destilação totalmente em vidro.

4. Vitamina E padrão de reserva 2500 g/ml-

dissolver 375 mg, α-tocoferol, em 5 ml de etanol destilado e diluir para 10 ml. *dl-∞* tocoferol foi obtido a partir de sigma chemicals (l, g- continha 670 mg, Assim, o estoque tem 37,5 x 0,67 = 25 mg/10 ml = 2500 µg.. concentração ml). É estável durante 6 meses a 4°C.

5. Vitamina E padrão de trabalho 25 ~ µg.. ml-

diluir 1 ml de padrão de reserva para 100 ml com etanol destilado. Este padrão é estável durante 1 mês no frigorífico.

Procedimento:

Foram colocados três tubos de centrifugação de 10 ml com rolha de vidro, como indicado a seguir:

Branco (B) = 0,2 ml de água destilada

Padrão (S) = 0,2 ml de padrão de trabalho

desconhecido (teste) = 0,2 ml de soro.

	B	S	T
Distilled water	0.2 ml	-	-
Working standard	-	0.2 ml	-
Distilled water	1 ml	1.2 ml	1 ml
Mix all tubes manually for 30 sec.			
Distilled ethanol	2 ml	1.8 ml	2 ml
Mix all tubes manually for 30 sec.			
Distilled hexane	5 ml	5ml	5 ml
Shake all tubes for 5 min. by hand			

A camada de hexano foi transferida para uma cuvete de quartzo. O espetrofotómetro foi regulado com o comprimento de onda de ativação a 295 nm e o comprimento de onda de emissão a 330 nm. A fluorescência relativa do branco (Fb), do padrão (Fs) e do desconhecido (Fx) foi lida e calculada da seguinte forma

$$\mu g \text{ free vitamin E/ ml} = \frac{Fx - Fb}{Fs - Fb} \times 25$$

PRECAUÇÕES

Artigos de vidro - Todos os artigos de vidro utilizados para o ensaio foram embebidos pelo menos durante uma hora em ácido nítrico 8 N, enxaguados cuidadosamente com água bidestilada e secos. Os resultados foram avaliados estatisticamente e as diferenças entre os vários grupos foram testadas através do teste t de Student para determinar a significância estatística. Os resultados do MDA e da vitamina E foram submetidos a uma análise de regressão.

CAPÍTULO 4: OBSERVAÇÕES

OBSERVAÇÕES

Os níveis de MDA e de vitamina & foram determinados no soro de doentes com pré-eclâmpsia (Grupo II, n = 25) e em mulheres grávidas normotensas, com idade e paridade correspondentes (Grupo I B, n = 25), bem como em mulheres não grávidas, com idade e paridade correspondentes (Grupo I A, n = 25), admitidas nas enfermarias de Obstetrícia do Medical College & Hospital, Rohtak, entre outubro de 1993 e março de 1994.

A peroxidação lipídica foi aumentada na pré-eclâmpsia de, e baixos níveis de estado/vitamina E foram observados na pré-eclâmpsia em comparação com mulheres grávidas e não grávidas normotensas.

Tabela I: Níveis de MDA e Vitamina E em vários grupos

Group	MDA nmol/ ml*	Vitamin E (µg/ml)
IA	1.04 ± 0.023 (0.17)	10.32 ± 0.363 (1.815)
IB	1.68± 0.12 (0.6)	9.47 ± 0.397 (1.985)
II	2.86 ± 0.184 (0.92)	4.26 ± 0.287 (1.435)

* Values are given in mean + S.E. (S.D.)

A peroxidação lipídica foi aumentada na pré-eclâmpsia, conforme avaliado pelos níveis elevados de malonaldeído (MDA).

Quadro II: Níveis de MDA nos vários grupos

Group	MDA nmol/ ml*	p- value
IA	1.04 ± 0.023 (0.17)	-
IB	1.68± 0.12 (0.6)	p <0.001
II	2.86 ± 0.184 (0.92)	p<0.001

* Values are given in mean + S.E. (S.D.).

Observou-se um aumento altamente significativo dos níveis de MDA na pré-eclampsia em comparação com ambos os grupos de controlo, ou seja, mulheres normotensas, grupo I B (p<0,001) e mulheres não grávidas, grupo IA (p<0,001), Quadro I.

O valor médio de MDA na pré-eclâmpsia foi de 2,806 nmol/ml (intervalo de 1,84 a 4,76 nmol/ml), sendo mais elevado do que nos grupos de controlo (I A e I B), em que os valores médios foram de 1,04 e 1,68 nmol/l e o intervalo de 0,77 a 1,29 nmol/ml e 0,54 a 1,68 nmol/ml, respetivamente, Quadro II.

Foi observada uma correlação significativa entre o aparecimento de MDA e o nível de pressão sanguínea no caso do grupo pré-eclâmptico.

Quadro III: Níveis de MDA e pressão arterial na pré-eclâmpsia (média + SE)

MDA (nmol/ml)	2.807 ± 0.134
Diastolic BP (mm Hg)	102.3 ± 1.16
Systolic BP (mm Hg)	149.6 ± 2.24
Mean Arterial BP (mm Hg)	118.13 ± 1.65

O coeficiente de correlação entre o MDA e a pressão arterial média foi de 1,386. Assim, foi encontrada uma correlação altamente significativa ($p<0,001$) entre o MDA e a pressão arterial média.

Para excluir a possibilidade de o aumento da concentração lipídica na pré-eclâmpsia poder ser responsável pelos resultados, foi também determinada a correlação entre o produto da peroxidação lipídica e o colesterol sérico. O MDA não mostrou qualquer correlação com qualquer correlação entre o colesterol, nem entre o colesterol e a pressão arterial.

Quadro IV: Níveis de MDA e de colesterol nos vários grupos

Group	MDA nmol/ ml*	Cholesterol (mg%)
IA	1.04 ± 0.023	202 ± 4.7
IB	1.68± 0.12	231.4 ± 21.1
II	2.86 ± 0.184	261.4 ± 24.37

* Values are given in mean + S.E.

O coeficiente de correlação entre o MDA e o colesterol no grupo pré-eclâmptico foi de 0,000009, pelo que não foi encontrada qualquer correlação entre o MDA e o colesterol na pré-eclâmpsia ($p > 0,1$).

Tabela V: Colesterol e pressão arterial na pré-eclâmpsia

Group	Mean cholesterol (mg%)	Mean Arterial BP (MAP, mm Hg)
II	261.4	118.13

O coeficiente de correlação entre o colesterol e a PAM foi de 1 49x10' na pré-eclâmpsia, pelo que não foi encontrada correlação entre o colesterol e a PA arterial média no grupo pré-eclâmptico (p > 0,2).

Os níveis de vitamina E também foram estimados nos grupos de controlo e de estudo para avaliar o estado antioxidante.

Tabela VI: Níveis de vitamina E em vários grupos

Group	Vitamin E (µg/ml)	p-value
IA	10.32 ± 0.363 (1.815)	-
IB	9.47 ± 0.397 (1.985)	p>0.01
II	4.26 ± 0.287 (1.435)	p<0.001

* Values are given in mean + S.E.

Observou-se uma queda altamente significativa da vitamina E na pré-eclampsia (p < 0,001) em comparação com os dois grupos de controlo.

Os níveis de vitamina E foram significativamente inferiores no grupo pré-eclâmptico em comparação com o grupo de controlo. Os níveis de vitamina E foram ligeiramente inferiores nas mulheres grávidas normais em comparação com o grupo normal de não grávidas. Os níveis de vitamina foram mais baixos na pré-eclâmpsia, ou seja, a média foi de 4,26 µg... ml e o intervalo foi de 0,9pg/ml a 8,6 µg... ml em comparação com 2 grupos de controlo onde os valores médios foram 10,32 e 9,47pg/ml e o intervalo foi de 8,6 µg... ml a 15µg... ml e 7,1 a 13,4 µg... ml, respetivamente.

Os valores da vitamina E e do colesterol na pré-eclâmpsia foram comparados para encontrar qualquer correlação entre os dois.

Quadro VII: Vitamina E e colesterol na pré-eclâmpsia

Group	Vitamin E (µg/ml)	Cholesterol (mg%)
II	4.26 ± 0.287	261.4 ± 24.37

* Values are given in mean + S.E.

Não foi encontrada correlação entre a vitamina E e a colesterolina na pré-eclâmpsia (p >0,1; r=0,000728).

Foi observado um aumento dos níveis de MDA e uma diminuição da vitamina E no grupo pré-eclâmptico, tendo-se tentado correlacionar os dois parâmetros nos três grupos.

Quadro VIII: Níveis de MDA e de vitamina E nos vários grupos

Group	MDA nmol/ ml*	Vitamin E (µg/ml)
IA	1.04 ± 0.023	10.32 ± 0.363 (1.815)
IB	1.68± 0.12	9.47 ± 0.397 (1.985)
II	2.86 ± 0.184	4.26 ± 0.287 (1.435)

* Values are given in mean + S.E.

O coeficiente de correlação entre o MDA e a vitamina E é de 0,0033. Assim, não foi possível encontrar uma correlação significativa entre os níveis de vitamina E e MDA no grupo pré-eclâmptico = (p> 0,1).

Distribuição etária

A idade média das mulheres incluídas no estudo era de 23,8 anos (variação de 20 a 32 anos) e a idade média das mulheres incluídas nos grupos de controlo I A e I B era de 20 e 21 anos, respetivamente. Se a idade fosse considerada como um parâmetro separado, não se registava qualquer correlação com os parâmetros investigados.

Tabela IX: Níveis de MDA e Vitamina E de acordo com as diferentes faixas etárias em vários grupos

Age (years)	No. of cases	MDA (range, nmol/ml)	Vitamin E (range, µg/ml)
Group I A			
18- 20	10	0.77- 1.01	10- 12
21-25	10	0.77-1.29	9.3-15
26-30	5	0.83- 1.29	8.6- 11.5
Mean value		1.04	10.32
Group I B			
20- 25	10	0.54- 1.65	7.1- 13.4
26- 30	10	0.77- 1.64	5.7- 9.4
31-35	5	0.86-1.68	7.6- 12.5
Mean value		1.68	9.47
Group II			
20- 25	19	1.84- 3.68	1.9- 8.6
26- 30	5	2.76- 4.6	0.9- 4.9
31-35	1	1.99	6.7
Mean value		2.806	4. 26

Paridade

A percentagem de multiparidade foi de 48% no grupo I BB e de 60% no grupo I. Não foi observada qualquer correlação entre a paridade e qualquer parâmetro investigado.

Tabela X: Níveis de MDA e vitamina E de acordo com a paridade em vários grupos

Parity	No. of cases	MDA (range, nmol/ml)	Vitamin E (range, µg/ml)
Group IB			
P0	13	0.99 -1.65	5.7- 13.4
P1	6	0.54- 1.68	7.6- 10.2
P2	3	0.92- 1.23	9.4- 10.9
P3	2	1.07- 1.53	8.9- 12.5
>P4	1	0.86	10.9
Group II			
P0	14	1.84- 4.29	3.8- 8.6
P1	4	2.2- 4.29	3.8- 8.6
P2	3	2.2- 3.0	4.48- 4.6
P3	2	1.99- 2.76	0.9- 4.48
>P4	2	1.99- 4.6	2.6- 6.7

O perfil clínico destes doentes foi registado de acordo com o formulário em anexo (Anexo I).

Perfil clínico :

Todos os 25 doentes apresentavam albuminúria e edema pedal. Cinco apresentavam edema facial, abdominal e pedonal. Três mulheres tinham antecedentes de cefaleia frontal, náuseas, vómitos e síncope. Quatro mulheres tinham antecedentes de pré-eclampsia durante a gravidez anterior. Todas estas doentes tinham antecedentes de registo de hipertensão arterial e aumento súbito de peso (>1kg/semana). O exame do fundo do olho foi efectuado em todas as mulheres com pré-eclâmpsia, encontrando-se dentro dos limites normais em vinte e duas mulheres e três mulheres com alterações hipertensivas de grau I.

Nenhum dos doentes tinha antecedentes familiares de hipertensão.

Tabela XI: Perfil clínico das mulheres pré-eclâmpticas

Clinical features	No. of cases	Percentage, %
History		
Nausea, vomiting	3	12
Headache	3	12
Syncope	2	8
Swelling of feet	24	96
Examination		
Pedal edema	25	100
Facial, abdominal edema	5	20
Fundus		
WNL	22	88
Gr I HT changes	3	12
Investigation		
Urine albuminuria	25	100

Tabela XII: Vários parâmetros em vários grupos

Variable (mean Values)	Group IA	Group IB	Group II (Preeclampsia)
Age (years)	20	21	23.8
%age nulliparous	100	48	60.0
Systolic BP	101.4	111.28	149.6
Diastolic BP	66	66.24	102.6
MAP (mm Hg)	76.6	81.25	118.13
Proteinuria	-	-	+ (in all cases)
Hemoglobin (g%)	10	9.8	9.35
Serum uric acid (mg%)	5.0	5.0	7.68
Serum cholesterol (mg%)	202	231	261.4

O nível de ácido úrico sérico era elevado nas mulheres com pré-eclâmpsia, sendo a média de ácido úrico de 7,68 mg%, com uma variação de 4,3 a 10,3 mg%. O colesterol sérico estava elevado nas mulheres com pré-eclâmpsia, com um valor médio de 261,4 mg% e um intervalo de 200 a 652 mg%. A ureia sanguínea tendia a estar dentro dos limites normais nos três grupos.

Resultado

O grupo de estudo e o grupo I foram seguidos até ao desfecho da gravidez.

Tabela XIII: Várias observações nos grupos de controlo e pré-eclâmpsia

Variables (mean values)	Group IB (n=25)	Preeclampsia (n=25)
Age (years)	21	23.8
% age nulliparous	48	60
MAP (mm Hg)	81.25	118.13
Proteinuria	-	+ (in all cases)
Gestational age at delivery (weeks)	38.2	36.4
Birth weight (g)	2500	2211
Live birth	25	22
Still birth	-	3

O peso médio dos bebés nascidos de mulheres do grupo Pré-eclâmptico foi baixo, com um valor médio de 2.211 gramas, variando entre 1.900 e 3.500 g, uma vez que o parto das mães ocorreu mais frequentemente numa idade gestacional fetal precoce, a idade gestacional média foi de 36,4 semanas, variando entre 33 e 40 semanas, em comparação com as grávidas normotensas (peso médio: 2.500 kg, idade gestacional média: 38,2 semanas).

Quadro XIV: Desfecho da gravidez na pré-eclâmpsia

Variables	Group II
Live birth	22
Still birth	3
Gestational age at delivery (weeks)	36.4
Sex of baby: Female	10
Sex of baby: Male	15 (3 IUD)
Birth weight (grams)	2211
Placenta Gross: normal	24
Placenta Circumvallate	1
Placenta weight (grams)	447
Mode of delivery: Normal	21
Mode of delivery: Em. LSCS	2
Mode of delivery: Vacuum extraction	2
Apgar score: 1 min	6/ 10
Apgar score: 5 min	7/ 10

Houve vinte e dois nascidos vivos, sendo dois por cesariana de emergência (indicação = PA elevada e sofrimento fetal) e dois por extração a vácuo.Três mulheres pré-eclâmpticas tiveram morte súbita intra-uterina, duas na 33ª semana de gestação, com PA de 150/96 e 154/104 mmHg mmHg, respetivamente, com fundo de olho dentro dos limites da normalidade. A terceira mulher com pré-eclâmpsia teve morte intra-uterina na 37ª semana, com fundo de útero sem alterações e PA máxima de 150/110 mmHg, mesmo após terapia anti-hipertensiva.

CAPÍTULO 5: DEBATE

DISCUSSÃO

O presente estudo foi efectuado em doentes com pré-eclampsia, grávidas normotensas e mulheres normais não grávidas.

Tal como foi analisado no Capítulo 2, a causa exacta da pré-eclâmpsia não é conhecida e vários investigadores investigaram diferentes factores causais.

O envolvimento dos radicais livres também tem merecido a atenção de muitos investigadores. Em vários estudos, foi observado um aumento da peroxidação lipídica na pré-eclâmpsia em relação às grávidas normais.[9,33,76,77,80,81] A pré-eclâmpsia é caracterizada por um ou mais sinais, como hipertensão, edema, proteinúria e ganho excessivo de peso. Todas as mulheres pré-eclâmpticas do presente estudo apresentaram proteinúria. Cinco mulheres apresentavam queixas de cefaleias, náuseas, vómitos e síncope. Cinco doentes apresentavam edema da face e do abdómen, para além dos pés. Quatro mulheres tinham história de pré-eclâmpsia durante a gravidez anterior.

Observámos um aumento da pressão arterial sistólica e diastólica (> 140/90 P 149,6 mmHg) nas mulheres com pré-eclâmpsia (pressão arterial sistólica média de 149,6 mm Hg e pressão arterial diastólica de 102,6 mmHg). Existem muitas outras caraterísticas da pré-eclâmpsia - por exemplo, hiperuricemia, trombocitopenia, atividade elevada das enzimas hepáticas ou hemoconcentração. Observámos hiperuricemia em todas as mulheres pré-eclâmpticas (média: 5,0 mg%). A contagem de plaquetas e os testes de função hepática não foram efectuados nestas doentes. Do ponto de vista fetal, a pré-eclâmpsia apresenta sinais próprios, dos quais o mais evidente é o tamanho reduzido para a idade gestacional e o parto prematuro. Nas mulheres com pré-eclâmpsia, o peso médio à nascença foi de 2211g e foi inferior ao do grupo de grávidas normais (média: 2500g), uma vez que o parto da maioria das mães ocorreu frequentemente numa idade gestacional precoce (idade gestacional média: 36,4 semanas) em comparação com a gravidez normal (média: 38,2 semanas)

A pré-eclampsia ocorre em 7 a 10 por cento das gravidezes e é uma das principais causas de morbilidade e mortalidade para as mães e os seus bebés. Não se registou mortalidade materna nos três grupos. Registaram-se 22 nados-vivos e 3 nados-mortos no grupo pré-eclâmptico e nenhum nado-morto no grupo das grávidas normais. A placenta era grosseiramente normal em todos os grupos, com exceção de um que era circunvalado no caso das mulheres pré-eclâmpticas. O peso médio da placenta foi de 447 g. Apenas duas mulheres tiveram cesariana de emergência e duas tiveram extração por vácuo, as restantes vinte e uma mulheres tiveram parto vaginal normal no grupo pré-eclâmptico, enquanto todas as grávidas normotensas tiveram parto vaginal normal. Em vários estudos, foi observado um aumento da peroxidação lipídica na pré-eclâmpsia em relação às grávidas normais.[9,33,76,77,80,81]

A peroxidação lipídica é um processo que é determinado pela extensão do mecanismo de formação de peróxidos e pelo sistema anti-oxidante de remoção de peróxidos.[39,54] Embora o radical livre envolvido na iniciação não esteja identificado, é provavelmente uma espécie centrada no oxigénio, tal como o radical livre hidroxilo, o superóxido, os radicais da proteína ferryl haem.[46,55] Os radicais livres são espécies químicas reactivas com um eletrão deficiente na sua órbita mais externa. Os radicais livres são essenciais para muitos processos biológicos.[50] No entanto, podem tornar-se altamente destrutivos para as células e os tecidos se a sua produção não for rigorosamente controlada. O componente fosfolípido das membranas celulares é um alvo altamente vulnerável devido à suscetibilidade das suas cadeias laterais de ácidos gordos polinsaturados à peroxidação. Isto pode levar a alterações na fluidez da membrana, nas caraterísticas de permeabilidade e na capacidade de manter gradientes iónicos transmembranares (Slater, 1984).[56]

A peroxidação lipídica pode ser iniciada por qualquer radical livre primário que tenha reatividade suficiente para extrair um átomo de hidrogénio de um grupo metileno reativo de um ácido gordo insaturado.

A formação de espécies iniciadoras é acompanhada por um rearranjo de ligações que resulta na estabilização por formação de conjugados de dienos. O radical lipídico absorve então o oxigénio para formar os radicais peroxilo. Os radicais peroxilo podem combinar-se entre si, ou podem atacar as proteínas da membrana ou abstrair um átomo de hidrogénio de uma cadeia lateral de um ácido gordo adjacente, propagando assim a reação em cadeia da peroxidação lipídica. Os produtos de decomposição incluem radicais que podem abstrair mais átomos de hidrogénio, bem como gases de hidrocarbonetos e aldeídos citotóxicos. A peroxidação lipídica é, portanto, uma reação radicalar. O antioxidante vitamina E (α-tocoferol) interfere com esta reação em cadeia doando átomos de hidrogénio aos radicais peroxilo, impedindo-os de se iniciarem.[56]

O MDA é um dos vários parâmetros que têm sido utilizados para o estudo da peroxidação lipídica. A peroxidação dos lípidos resulta na formação de muitos produtos, tais como dienos conjugados, alcanos (por exemplo, malonaldeído), alcenos (por exemplo, 4-hidroxinoneal), alcanos (pentano, etano), etc., que podem ser medidos como um índice de peroxidação lipídica.

Existem várias técnicas disponíveis para medir a peroxidação dos lípidos ou ácidos gordos das membranas. O método comum de avaliação da peroxidação lipídica é, sem dúvida, o teste TBA, a medição de conjugados de dieno é também popular e a medição de gases de hidrocarbonetos evoluídos e de produtos fluorescentes está a ganhar aceitação.

A conjugação de dienos permite conhecer as fases iniciais da peroxidação lipídica num sistema in vitro simples. A medição da conjugação de dienos é útil quando se estudam sistemas lipídicos puros, mas o método não pode frequentemente ser utilizado diretamente em material biológico sem procedimentos de extração prévios, porque muitas outras substâncias presentes absorvem nestes comprimentos de onda.

A medição direta da formação de produtos fluorescentes é um ensaio extremamente sensível da peroxidação, embora meça apenas uma pequena fração dos produtos finais da peroxidação total.

Os hidrocarbonetos voláteis etano e pentano são formados como produtos finais menores por reação de iões metálicos com certos peróxidos.[36,59]

O teste TBA (ácido tiobarbitúrico) é um dos testes mais antigos e mais frequentemente utilizados para medir a peroxidação lipídica. Durante a peroxidação são produzidas pequenas quantidades de MDA, que reagem no teste TBA para gerar um produto corado. Em solução ácida, o produto absorve luz a 532 nm e é facilmente extraível em solventes orgânicos, como o butan-l-ol. A maior parte do MDA detectado no teste TBA surge durante o próprio teste, porque os peróxidos lipídicos se decompõem ao serem aquecidos com ácido na presença de sal de ferro.[48] Os endoperóxidos de prostaglandinas decompõem-se em MDA nas condições do teste TBA, pelo que o peróxido lipídico sérico assim determinado inclui uma contribuição destes endoperóxidos.

Apesar das objecções teóricas a todos os procedimentos atualmente disponíveis para a investigação da peroxidação lipídica em situações clínicas, o teste TBA tem o mérito da simplicidade. No presente estudo, o teste TBA foi utilizado para a medição do

MDA devido às razões acima mencionadas.

No presente estudo, observámos um aumento significativo dos níveis de MDA nas mulheres pré-eclâmpticas em comparação com as mulheres grávidas e não grávidas normotensas. Os níveis séricos de MDA nas mulheres normais não grávidas e nas mulheres grávidas normotensas eram de 1,04 + 0,023 nmol/ml e 1,68 + 0,12 nmol/ml, respetivamente. Os níveis de MDA nas mulheres com pré-eclâmpsia foram de 2,806 + 0,184 nmol/ml.

Os nossos resultados são semelhantes aos valores registados por Minoru Ishihara (1978),[76] que registou níveis elevados de MDA em mulheres pré-eclâmpticas (1,87 + 0,53 nmol/ml) em comparação com mulheres não grávidas (1,12 + 0,34 nmol/ml) e mulheres grávidas normotensas (1,55 + 0,40 nmol/ml). No entanto, Sheela et al[87] registaram valores ainda mais elevados de MDA na pré-eclampsia (3,17 + 0,89 nmol/ml). No entanto, os valores nos dois grupos de controlo também eram mais elevados do que os relatados por Ishihara. Os níveis de MDA em mulheres grávidas normais não grávidas e normotensas foram de 2,16 + 0,98 nmol/ml e 2,54 + 0,86 nmol/ml, respetivamente. A razão para o valor mais elevado neste relatório pode provavelmente dever-se a um método diferente utilizado para a estimativa.[91] Além disso, foi referido que a utilização de diferentes anticoagulantes (EDTA, heparina, citrato) produz níveis variáveis de MDA, por exemplo, o plasma colhido com EDTA apresenta níveis de MDA mais baixos do que qualquer um dos outros anticoagulantes utilizados nas amostras ou no soro.[92]

A peroxidação lipídica também tem lugar nas lipoproteínas LDL, que desempenham um papel crucial no metabolismo do colesterol.[72] Os ésteres de colesterol constituem uma fonte rica de ácidos gordos poli-insaturados nas LDL, que são um substrato potencial para a oxidação. O mecanismo de oxidação das LDL in vivo ainda não é claro, e também não foi atribuído um papel à espécie radical para a oxidação. As partículas de LDL oxidadas, em vez de serem absorvidas pelo fígado, são reconhecidas pelos receptores scavenger nos macrófagos e internalizadas (à medida que se tornam cada vez menos reconhecidas pelo recetor Brown Goldstein). Sabe-se que existem receptores semelhantes noutros tipos de células, nomeadamente nas células endoteliais, embora a sua função biológica ainda não seja clara.

A internalização da lipoproteína conduzirá à formação de células espumosas se o processo for continuado.[70] Este processo não é facilmente desregulado, como é o caso dos receptores LDL normais. Há muito que se reconhece que os produtos citotóxicos resultantes da oxidação dos lípidos destroem as células ou prejudicam a sua função.[67,71] As LDL oxidadas aumentam a adesão[66] e a diferenciação dos monócitos, activam as plaquetas[42] e possivelmente prejudicam a função do endotélio vascular.[71] O LDL oxidado inibe a capacidade do endotélio de esterificar o colesterol. O endotélio tem uma função fundamental na regulação do tónus vascular e no fornecimento de uma superfície antitrombótica. A possível influência do LDL oxidado no endotélio será discutida mais tarde.

Uma vez que o colesterol é o principal constituinte lipídico das partículas de LDL, que são susceptíveis à peroxidação, foi feita uma tentativa de correlacionar a extensão da peroxidação lipídica com o colesterol total no plasma no presente estudo. Não foi possível encontrar uma correlação significativa entre os níveis de MDA e de colesterol na pré-eclâmpsia, excluindo a possibilidade de o aumento da concentração de lípidos poder ser responsável pelos resultados. O nosso resultado é consistente com os relatórios de Minoru Ishihara (1978)[76] e Uotila JT et al (1993)[8] 0.

Como mencionado anteriormente, o autor Uotila JT et al[80] relatou níveis mais elevados de MDA em mulheres pré-eclâmpticas do que em grávidas normais não grávidas e normotensas e encontrou uma correlação significativa entre o MDA e a pressão arterial média. Tal como Uotila, também encontrámos uma boa correlação entre o MDA e a pressão arterial média (r=1,386, p < 0,001).

Desconhece-se onde e quando se forma o peróxido lipídico na altura da pré-eclâmpsia. Tendo em conta a sua natureza agressiva, os peróxidos lipídicos formados em qualquer momento durante a alteração da homeostase podem contribuir para uma maior perturbação.

Hubel CA et al (1989)9 postularam que o processo destrutivo da peroxidação lipídica pode contribuir para o desenvolvimento de anomalias cardiovasculares na pré-eclâmpsia, incluindo a disfunção das células endoteliais. A função prejudicada do endotélio vascular pode, por sua vez, causar vasoespasmo, diminuição dos níveis sanguíneos de prostaciclina, aumento da sensibilidade aos vasopressores e complicações cardiovasculares associadas que ocorrem na pré-eclâmpsia.[7,13,27]

Os peróxidos lipídicos circulantes, quando elevados ligeiramente acima dos níveis normais (>1 nmol/L), inibem a síntese da prostaciclina derivada das células endoteliais, através da inibição da prostaciclina sintetase[20-22,38] na pré-eclâmpsia, A inibição da produção de prostaciclina resultante da peroxidação lipídica excessiva na pré-eclâmpsia poderia ser um mecanismo através do qual a defesa contra a atividade pró-agregadora e vasoconstritora do tromboxano A2 é removida.[18]

As alterações fisiopatológicas sugerem que a redução da perfusão dos órgãos é a causa da disfunção multiorgânica na pré-eclâmpsia.[30] A hipóxia tecidular parece ser um fator promotor das reacções de peroxidação lipídica. Há um aumento do consumo de oxigénio no processo peroxidativo.

Esta situação pode esgotar de forma crítica o fornecimento de oxigénio celular quando a disponibilidade de oxigénio é limitada.[49] Uma lesão peroxidativa proposta é o "stress redutor" criado pela acumulação de equivalentes redutores (dadores de electrões) nos lípidos hipóxicos, em consequência da diminuição da respiração mitocondrial. [49]

O mecanismo que invoca a placentação defeituosa, a hipóxia placentária subsequente e a indução da peroxidação do tecido placentário é, evidentemente, especulativo. Independentemente da origem, a produção excessiva de peróxidos lipídicos a partir de um local primário pode resultar na transferência destas substâncias através da circulação, talvez sob a forma de peróxidos ligados a lipoproteínas. Quando os níveis estáveis de peróxidos lipídicos no sangue começarem a aumentar, estará criado o cenário para a ocorrência de processos de reação em cadeia que se auto-perpetuam. O contacto do endotélio com os peróxidos lipídicos permitiria uma lesão peroxidativa dos lípidos da membrana das células endoteliais. Isto poderia, em última análise, reduzir a capacidade do endotélio para atuar como barreira de permeabilidade aos componentes do plasma. As enzimas lisossomais, o tromboxano, o fator de crescimento derivado das plaquetas e a serotonina libertados pela agregação de plaquetas em resposta à lesão endotelial promoveriam a vasoconstrição e uma maior lesão endotelial. O anião superóxido, produzido durante a agregação plaquetária ou durante a degradação redutora de peróxidos lipídicos,[18-20] poderia inativar o óxido nítrico derivado do endotélio[41] (EDNO) e, assim, impedir ainda mais a influência vasorelaxante do endotélio. Um relatório preliminar indica que a LDL oxidada inibe a libertação de EDNO das células endoteliais em cultura.[42] Foi proposto um papel para a LDL nativa como fornecedor de ácido araquidónico para a biossíntese de prostaglandinas nas células endoteliais. Isto baseia-se na observação de que, nos fibroblastos negativos para o recetor de LDL de doentes com hipercolesterolemia1 , a biossíntese de prostaglandinas é inferior à das células normais na presença de LDL. A LDL oxidada não seria capaz de cumprir este papel e poderia inibir a síntese de prostaglandinas.[68,70,71,85] Em segundo lugar, devido à conhecida citotoxicidade da LDL oxidada[67] , há um comprometimento progressivo do relaxamento dependente do endotélio.[27,47,85] No entanto, há poucas evidências de que a intervenção com antioxidantes possa ter uma influência notável, em grande parte porque não foi tentada. O papel do EDNO na regulação da homeostase cardiovascular na gravidez continua, no entanto, por elucidar.

Assim, a exposição do endotélio vascular aos peróxidos lipídicos começaria a interromper a produção de prostaciclina, aumentando a propensão para a vasoconstrição e a agregação plaquetária. Uma queda significativa nas concentrações vasculares locais de prostaciclina e de óxido nítrico derivado do endotélio poderia contribuir para o aumento pré-eclâmptico da resistência periférica e da sensibilidade aos agonistas vasopressores endógenos.[71,72] A constrição da vasculatura placentária diminuiria ainda mais a perfusão placentária, promovendo os danos que aumentariam a produção de peróxidos lipídicos deste órgão. O aumento da fração de oxigénio utilizada durante as reacções de peroxidação lipídica iria privar ainda mais o tecido placentário de oxigénio. Após o parto, o ciclo seria interrompido.

Pouco se sabe sobre o papel do sistema antioxidativo nas complicações da gravidez. Cranfield L M et al[87] estudaram a atividade antioxidante do soro como percentagem de inibição da peroxidação lipídica pelo soro num homogenato cerebral padronizado. Verificaram que a atividade antioxidante era significativamente mais elevada em mulheres com gravidezes normais do que em mulheres não grávidas. Esta atividade antioxidante aumentou progressivamente ao longo da gravidez. O aumento da atividade antioxidante estava altamente correlacionado com uma concentração sérica elevada de ceruloplasmina, um antioxidante que pode atuar mantendo o ferro num estado oxidado (Fe^{+3}).

A enzima citosólica glutatião peroxidase (GSH-Px) reduz os hidroperóxidos, utilizando o glutatião como substrato doador de electrões altamente específico, plaquetas e no plasma de mulheres pré-eclâmpticas por Uotila JT et al (1993)[80,81] e este aumento das actividades das enzimas antioxidantes foi sugerido como sendo um efeito compensatório induzido pelo aumento do stress oxidativo na pré-eclâmpsia, enquanto na gravidez normal a atividade da glutationa peroxidase plasmática diminui. No entanto, estes autores não encontraram qualquer correlação entre a peroxidação lipídica e a atividade da glutationa peroxidase.

Novak Z et al[77] mediram as actividades das enzimas antioxidantes superóxido dismutase, catalase e glutationa peroxidase e do produto de peroxidação lipídica MDA em hemolisados de glóbulos vermelhos do cordão umbilical, de recém-nascidos maternos e de recém-nascidos de termo. Os autores relataram uma glutationa peroxidase significativamente elevada nos hemolisados de hemácias do cordão umbilical. Mas não foi observada qualquer diferença significativa nas actividades das enzimas superóxido dismutase e catalase nos hemolisados de hemácias do cordão umbilical e materno. Atribuíram o aumento da atividade desta enzima à maior formação de radicais de oxigénio ou peróxido de hidrogénio. Não há relatos em relação a outros componentes, como a vitamina C, na pré-eclâmpsia.

A vitamina E é uma das moléculas antioxidantes mais importantes, residindo principalmente nas membranas celulares e eliminando uma grande variedade de radicais livres. Os níveis séricos de vitamina E antioxidante aumentam durante a gravidez, mas não parecem estar correlacionados com a atividade antioxidante sérica ou com os produtos de peroxidação lipídica.[88] Os níveis normais de vitamina E na população indiana não foram determinados. Vários trabalhadores referiram valores de controlo variáveis dos níveis de vitamina E[77,79,89] . No presente estudo, os níveis de vitamina E em mulheres normais não grávidas foram de 10,32 + 0,383 pg/ml. Estes valores são semelhantes aos referidos por Hansen LG et al (1966)[90] , que registaram níveis de vitamina E em adultos normais de 10,34 + 0,36 pg/ml. Os níveis de vitamina E em mulheres grávidas normotensas foram de 9,47+0,396 pg/ml. Estes valores são semelhantes aos registados por Uotila JT et al (1993)[80] que registaram níveis de vitamina E de 12,5 + 0,54 pg/ml. Mas não encontrámos qualquer aumento significativo no estado da vitamina E em grávidas normotensas em comparação com mulheres não grávidas.

Foi observado um declínio significativo nos níveis de vitamina E em mulheres pré-eclâmpticas em comparação com mulheres normais não grávidas ($p < 0,001$) e mulheres grávidas normotensas ($p < 0,001$). Os níveis de vitamina E em mulheres com pré-eclâmpsia foram de 4,26 + 0,287 pg/ml. Em contraste com o acima exposto, existem dois relatórios na literatura (pelos mesmos autores) em que foram registados níveis elevados de vitamina E na pré-eclâmpsia em comparação com mulheres normotensas. Uotila JT et al (1993)[80,81] registaram níveis mais elevados de vitamina E na pré-eclâmpsia, 15,6 + 1,79 µg. ml e 15,2 + 2,14 µg. ml, respetivamente. Atribuíram este facto a um aumento compensatório em resposta ao aumento da carga de peróxido na pré-eclâmpsia. Está longe de ser claro como esta resposta compensatória é evocada. Além disso, a peroxidação lipídica só ocorre depois de os sistemas antioxidantes estarem esgotados. As razões para estes relatórios contraditórios não são claras.

Não se encontrou uma correlação inversa significativa entre o MDA e a vitamina

E. Também não se encontrou uma correlação significativa entre o MDA, a vitamina E e o resultado da gravidez. Além disso, o MDA e a tensão arterial média não tiveram qualquer correlação com o resultado da gravidez. Assim, as diferenças nos níveis dos antioxidantes vitamina E e MDA entre a pré-eclampsia e o grupo de controlo (grávidas normais não grávidas e grávidas normotensas) dão um apoio equívoco à ideia de que os radicais livres estão envolvidos na patogénese da pré-eclampsia.

Em conclusão, a peroxidação lipídica parece desempenhar um papel importante na pré-eclâmpsia. No entanto, o mecanismo pelo qual causa a hipertensão permanece especulativo. Não há provas de que a terapia antioxidante melhore a hipertensão na pré-eclâmpsia. São necessários mais estudos para explorar a possibilidade de utilizar a terapia com vitamina E na pré-eclâmpsia.

CAPÍTULO 6: RESUMO E CONCLUSÃO

RESUMO E CONCLUSÕES

O presente estudo foi efectuado em doentes com pré-eclâmpsia (Grupo I, n = 25) e em mulheres grávidas normotensas (Grupo IB, n = 25) e mulheres não grávidas normais (Grupo IA, n = 25), com idade e paridade equivalentes, admitidas nas enfermarias de obstetrícia e ginecologia do Medical College and Hospital entre outubro de 1993 e março de 1994.

As observações efectuadas nos três grupos foram analisadas.

Foram obtidos os seguintes resultados:

- Todas as mulheres pré-eclâmpticas (Grupo II) apresentavam proteinúria. Cinco mulheres apresentavam queixas de cefaleias, náuseas, vómitos e síncope. Cinco doentes apresentavam edema da face e do abdómen, para além dos pés.
- Os valores médios da PA sistólica e diastólica registados nas mulheres pré-eclâmpticas foram de 149,6 mmHg e 102,6 mmHg e nas grávidas normotensas de 111,28 mmHg e 66,24 mmHg, respetivamente.
- Nas mulheres pré-eclâmpticas, o nível de ácido úrico estava mais elevado (média de 7,68 mg%) do que nas grávidas normotensas (média de 5,0 mg%).
- Nas grávidas normotensas (grupo I B), o peso médio à nascença foi de 2500 g e a idade gestacional foi de 38,2 semanas (variando entre 37 e 40 semanas).
- Nas mulheres com pré-eclâmpsia, o peso médio à nascença foi de 2211 g e foi baixo em comparação com o grupo IB, uma vez que o parto dos outros ocorreu mais frequentemente numa idade gestacional fetal precoce, com uma idade média de 36,4 semanas (intervalo de 33 a 40 semanas).
- Resultado da gravidez:

Não se registou mortalidade materna nos três grupos. Registaram-se 22 nados-vivos e 3 nados-mortos no Grupo II. A placenta era grosseiramente normal em 24 casos de pré-eclâmpsia, e um era circunvalado O peso médio da placenta foi de 447 g.

Vinte e uma mulheres tiveram parto vaginal normal, duas tiveram cesariana de emergência e duas tiveram extração por vácuo.

As mulheres não grávidas normais (grupo I A) e as mulheres grávidas normotensas (grupo I B) apresentavam níveis séricos de MDA de 1,04 + 0,023 nmol/ml e 1,68 + 0,12 nmol/ml, respetivamente.

As mulheres pré-eclâmpticas tinham um nível sérico de MDA de 2,806+0,184 nmol/ml (intervalo de 1,84 a 4,76 nmol/ml). Foi observado um aumento altamente significativo no nível sérico de MDA nas mulheres pré-eclâmpticas em comparação com as grávidas normotensas ($p<0,001$) e não grávidas ($p<0,001$).

As mulheres normais não grávidas (grupo I A) e as mulheres grávidas normotensas (grupo IB) tinham níveis séricos de vitamina E de 10,32 + 0,363 pg/ml e 9,47 + 0,397 µg... ml, respetivamente.

As mulheres pré-eclâmpticas (grupo II) tinham um nível sérico de vitamina E de 4,26 + 0,237 µg... ml (intervalo 0,9 - 8,6 µg... ml) Foi observado um declínio altamente significativo nos níveis séricos de vitamina E nas mulheres pré-eclâmpticas em comparação com as do grupo de controlo I A & I B ($p <0,001$).

Além disso, os níveis de colesterol no grupo pré-eclâmptico estavam aumentados (261,4 + 24,37 mg%) em comparação com o grupo de grávidas normotensas (231,4 + 21,1 mg%).

Não foi encontrada qualquer correlação entre o MDA e entre o colesterol e a pressão sanguínea na pré-eclâmpsia, o que exclui a possibilidade de uma concentração acrescida de lípidos afetar os resultados da peroxidação lipídica na pré-eclâmpsia.

Foi encontrada uma correlação moderadamente positiva entre o nível de MDA e a pressão arterial média (coeficiente de correlação 1,386, p<0,001).

- Não se registou qualquer correlação entre a idade, a paridade e qualquer parâmetro investigado (MDA e vitamina E) ou o resultado da gravidez.
- Não se registou qualquer correlação entre os níveis de MDA e de vitamina A com o resultado da gravidez.

Em conclusão, o presente estudo revelou níveis significativamente elevados de MDA e níveis mais baixos de vitamina E em mulheres pré-eclâmpticas, em comparação com mulheres grávidas normotensas. Foi encontrada uma correlação positiva entre o MDA e a PA arterial média em mulheres pré-eclâmpticas. A diferença nos níveis de MDA e de vitamina E no grupo pré-eclâmptico e no grupo normotenso apoia os poucos estudos que consideram a peroxidação lipídica como um fator importante na patogénese da pré-eclâmpsia. Não encontrámos uma correlação inversa estatisticamente significativa entre os níveis de MDA e de vitamina E na pré-eclâmpsia.

Assim, concluímos que um distúrbio no equilíbrio oxidante-antioxidante intensifica a peroxidação lipídica, levando à disfunção das actividades vasodilatadoras e antiagregadoras "defensivas" do endotélio vascular. Isto, por sua vez, contribui para o aumento da resistência periférica e da reatividade pressora aos vaso agonistas, que têm um papel nas complicações cardiovasculares da pré-eclâmpsia.

Se trabalhos futuros confirmarem um papel etiológico para a peroxidação lipídica na pré-eclâmpsia, a terapia antioxidante, talvez em combinação com ácidos gordos ómega 3 da dieta, poderá ser útil para alterar o equilíbrio tromboxano-prostaciclina para um estado menos trombogénico e preservar a integridade global do endotélio vascular.

Anexo - I

PRÓ-FORMA

PROFORMA PARA PACIENTES COM PRÉ-ECLÂMPSIA, DEPARTAMENTO DE

BIOQUÍMICA, FACULDADE DE MEDICINA E HOSPITAL, ROHTAK.

N.º Sr.

1. C.R. No. Date:
    - Nome:
    - Nome do marido :
    - Idade:
    - Profissão :
2. HISTÓRIA OBSTETRICAParidade (G P A)

DLMPEDOD

Amenorreia

Qualquer doença médica/cirúrgica H/o.

H/o dor epigástrica' dor de cabeça frontal' perturbação visual, vómitos

História familiar de hipertensão

Antecedentes pessoais: H/o Tabagismo TB, DM, HT antes da gravidez

3. EXAME FÍSICO GERAL
    - Impulso
    - BP
    - Anemia
    - Cianose
    - Icterícia
- Peso
- Altura

- Edema
- Exame do fundo do olho

4. EXAME SISTÉMICO

ABDOMEN: Altura do fundo do útero --Período de gestação

Apresentação

parto abdominal

5. INVESTIGAÇÕES:

- Hemoglobina
- Exame completo de urina
- Ácido úrico sérico
- Ureia no sangue
- Açúcar no sangue

6. INQUÉRITOS ESPECIAIS :

- Malonaldeído (MDA)
- Níveis de vitamina E

7. RESULTADO FETAL :

Peso à nascença Sexo Nascido vivo/nascido morto

Pontuação de Apgar l min 5 min 10 min

BIBLIOGRAFIA

1. Chesley LC. In Hypertensive disorders of pregnancy. Nova Iorque, Nova Iorque: AppletonCentury Crofts, 1978.

2. Patsy Maikraz Marshall O, Lindhermer. Hypertension in pregnancy, In: Clínicas médicas da América do Norte 1987; 71/5: 1031-43.

3. DavisonJ, Lindheimer MD. Hypertension and pregnancy.In Schrier RW, Gottschalk CW (eds.): Diseases of the kidney, 4th ed. Boston, Brown, 1987.

4. Kaar K, Jouppila P, Kuikka J, Luotola H, Toivanen J, Rekonen A. Intervillous blood flow in normal and complicated late pregnancy measured by means of an intra venous Xe method. Ata Obstet Gynecol Scand 1980; 59; 7-11.

5. Assali NS, Prystowsky H. Studies on autonomic blockade: I comparison between the effects of tetraethylammonium chloide (TEAL) and high selective spinal anaesthesia on blood pressure of normal and toxemic pregnancy. J Clin Invest 1950; 29: 1354-66.

6. Redman CWG, Bodner JG, Bodner WF. Antigénios HLA na pré-eclampsia grave. Lancet 1978; 2:397.

7. Roberts JM, Taylor RN, Rodgers GM, Hubei CA, McLaughlin MK. Preeclampsia: uma doença das células endoteliais. Am J Obstet Gynecol 1989; 161: 1200-4.

8. Gant NF, Warley RJ, Evertt RB. Controlo da capacidade de resposta vascular durante a gravidez humana. Kidney int 1980; 253: 351%

9. Carl A Hubel, James M Roberts, Robert NT, Thomas JM, George MR, Margaret KM. Peroxidação lipídica na gravidez. Am J Obstet Gynecol 1989; 161: 1025-34.

10. Connigham FG, Cox K, Gand NF. Further observations on the nature of pressor responsivity of angiotensin II in human pregnancy. Obstet Gynecol 1975; 46: 581.

11. Scott JS, Jenkins DM, Need JA. Immunology of preeclampsia (Imunologia da pré-eclâmpsia). Lancet 1978; 1: 704.

12. Walsh SW. Pré-eclâmpsia: um desequilíbrio na produção de prostaciclina e tromboxano plavntal. Am J Obstet Gynecol 1985; 152 : 335-40.

13. Sukimori K, Maeda H, Shingu Masao, Koyanagi T, Nobunaga M, Nakano H. O possível papel das células endoteliais nos distúrbios hipertensivos durante a gravidez. Obstet Gynecol 1992; 80: 229-33.

14. Rodgers GM, Taylor RN, Roberts. JM. A pré-eclâmpsia está associada a um fator sérico citotóxico para as células endoteliais humanas. Am J Obstet Gynecol 1988; 159:908-14.

15. Moncada S, Vane JR. In: Kharasch N, Fried J, eds. Biochemical aspects of prostaglandins and thromboxanes. Nova Iorque, Nova Iorque: Academic Press, 1977: 155.

16. Moncada S, Vane JR. Pharmacology and endogenous roles of prostacyclin endoperoxides, thromboxane A2, and prostacyclin. Pharmacol Rev 1979; 30: 293-331.

17. Carpenter M. Antioxidant effects on the prostaglandin endoperoxide synthetase product profile. Fed Proc 1981; 404: 189-94.

18. Terras WEM. Interações dos hidroperóxidos lipídicos com a biossíntese de eicosanóides. J Free Rad Biol Med 1985; 1: 97-101.

19. Terras WEM, Kulmacz RJ, Marshall PJ. Acções do peróxido lipídico na regulação da síntese de prostaciclina. In: Proyor WA, ed. Free radicals in biology, Nova Iorque, Nova Iorque: Academic Press, 1984 Vol. 6: 39-59.

20. Sasaki T, Wakai S, Asano T, Watanabi T, Kirino T, Sano K. The effect of a lipid hydroperoxide of arachidonic acid on the canine basilar artery J Neurosurg 1981; 54: 357-

65.

21. Moncada S, Gryglewski RJ, Bunting S, Vane JR. A lipid peroxide inhibits the enzyme in blood vessel microsomes thatis generated from prostaglandin endoperoxides, the substance (prostaglandin x) which prevents platelet aggregation. Prostaglandins 1976; 12: 715-37.

22. Salmon JA, Smith DR, Flower RJ, Moncada S, Vane JR Further studies on the enzymatic conversion of prostaglandin endoperoxide into prostacyclin by porcine aorta microsomes. Biochem Biophys Ata 1978; 523: 250-62.

23. Wallenburg HCS, Dekker GA, Makovitz JW, Rotmans P. Low-dose aspirin prevents pregnancy-induced hypertension and preeclampsia in angiotensin sensitive primigravidas. Lancet 1986; 1: 1-3.

24. Thorp JA, Walsh SW, Brath PC. Low-dose aspirin inhibits thromboxane, but not prostacyclin, production by human placental arteries. Am J Obstet Gynecol 1988; 159: 1381-4.

25. Spitz B, Mangess RR, Cox SM, Brown CE, Rosenfjeld CR, Gant NF. Low-dose aspirin I. Effect on angiotensin II pressor responses and blood prostaglandin concentrations in pregnant women sensitive to angiotensin II. Am J Obstet Gynecol 1988, 159:1035-43.

26. August P, Lenz T, Ales LK, Druzin ML, Edersheim TG, Huston MJ, Muller FB, Laragh JH, Sealy JE. Longitudinal Study of the renin-angiotensin-aldosterone System in hypertensive women (Estudo longitudinal do sistema renina-angiotensina-aldosterona em mulheres hipertensas): Desvios relacionados com o desenvolvimento de pré-eclampsia sobreposta. Am J Obstet Gynecol 1990; 163: 1612-21.

27. Vanhoutte PM. Poderá a ausência ou mau funcionamento do endotélio vascular

precipitar a ocorrência de vasoespasmo. J Mol Cell Cardiol 1986; 18: 679-89.

28. Rose R. Atherosclerosis : Um problema de biologia das células da parede arterial e das suas interações com os componentes do sangue. Arteriosclerose 1981; 1: 293-311.

29. Rappaport JV, Hirata G, Yap KH, Jordon Stanley C. Anticorpos anti-células endoteliais vasculares na pré-eclâmpsia grave. Am J Obstet Gynecol 1990; 62: 138-46.

30. Roberts JM, Redman CWG. Preeclampsia: Mais do que hipertensão induzida pela gravidez. Lancet 1993, 341: 1447-51.

31. Diamant S, Kissilewitz R e Diamant Y. Lipid peroxidation system in human placental tissue: general properties and the influence of gestational age. Biol Reprod 1980; 23: 776-81.

32. Spitz B, Dectmyn H, Vani Bree Preeh, Pignenborgh, Vermylen J, Van Assche FA. Influência de uma dieta deficiente em vitamina E. na produção de prostaciclina por triângulos mesometriais e ratas grávidas diabéticas. Am J Obstet Gynecol 1985; 151: 116-20.

33. Mascki M, Nishigaki I, Hagi Hara M, Tomoda Y, Yagi K. Níveis de peróxidos lipídicos e conteúdo sérico lipídico das fracções de lipoproteínas séricas de mulheres grávidas com e sem pré-eclampsia. Clin Chim Ata 1981; 115:115-61.

34. Falkay G, Herczeg J, Sas M. Microsomal lipid peroxidation in human placenta and fetal membrane. Biochem Biophys Res Commum 1977; 79: 843-51.

35. Dillard CA, Downey JE, Tappel AL. Effect of a antioxidants on lipid peroxidation of iron-loaded rats. Lipids 1984, 19:127-33.

36. Tappel AL, Dillard CJ. In vivo lipid peroxidation: measurement via exhaled pentane and protection by vitamin E. Fed Proc 1981; 40: 174-78.

37. Dormandy T. Free-radical oxidation and antioxidants (oxidação por radicais

livres e antioxidantes). Lancet 1978; i: 647-50.

38. Dusting GJ, Moncada S, Vane JR. Prostacyclin: its biosynthesis, actions, and clinical potential. Adv Prostaglandin Thromboxane Leukotriene Res 1982, 10:59-106.

39. Halliwell, B., e JMC Gutteridge: Oxygen toxicity, Oxygen radicals, transition metals and disease Biochem J 1984; 219: 1-4.

40. Halliwell, B. e JMC Gutteridge (1985) Free radicals in Biology and Medicine, Claredon Press, Oxford, Inglaterra.

41. Gryglewski RJ, Ralmer RMJ Moncada S. Superoxide anion is involved in the breakdown of endothelium-derived vascular relaxing fator. Nature 1986; 320: 454-6.

42. Katsura M, Moelace V. Aangard E. e Vane JR. Modifed LDL impairment the inhibition of platelet aggregation induced by endothelial cells. Br J Pharmacol 1991; 102: 324.

43. Roberts JM. Pregnancy related hypertension.In: Creasy RK, Resnik R, eds. Maternal fetal medicine: Principles and practice. Philadelphia: WB Saunders, 1989.

44. Stubbs TM, Lazarchick J, Horger EO. Plasma fibronectin levels in pre-eclampsia: a possible marker of vascular endothelial damage. Am J Obstet Gynecol 1984; 150: 885-7.

45. Pritchard JA, Cunnigham FG, Mason RA. Coagulation changes in eclampsia: their frequency and pathogenesis (Alterações da coagulação na eclâmpsia: frequência e patogénese). Am J Obstet Gynecol 1976; 124: 855-64.

46. Bucher JR, Tein M, Aust SD. The requirement for ferric in the initiation of lipid peroxidation by chelated ferrous iron. Biochem Biophys Res Commun 1983; 111 : 774-84.

47. Rice-Evans C, Dormandy T. Free radicals: chemistry, Pathology and Medicine,

Richelieu Press, Londres: 1988.

48. Rice-Evans C, Halliwell B. Free radicals: Methodology and concepts, Richelieu Press, Londres 1988.

49. Kappus H. Peroxidação lipídica: mecanismo, análise, enzimologia e importância biológica. In: Sies H, ed. Oxidative stress. Londres, Inglaterra, 1985: 273-310.

50. Kagan VE. Lipid peroxidation in biomembranes (Peroxidação lipídica em biomembranas). Boca Raton, Florida: CRC Press, 1988: 13-146.

51. Slater TF. Lipid peroxidation and intracellular messengers in relation to cell injury, Agents Actions 1987; 22: 333-4.

52. Tappel AL. Medição e proteção contra a peroxidação lipídica in vivo. In: Pryor WA ed. Free radicals in biology. New York: Academic Press 1980 : 1-47.

53. Tappel AL. Danos causados pela peroxidação lipídica nos componentes celulares. Fed Procd 1973; 32: 1870.

54. Freeman BA, Crapo JP. Radicais livres e lesão tecidular. Lab Invest 1982; 47: 412-26

55. Cadenov SE. Stress oxidativo e formação de espécies excitadas. In: Sies H, ed. Oxidative stress, Londres, Inglaterra: Academic Press, 1985: 311-30.

56. Slater TF. Mecanismos dos radicais livres na lesão dos tecidos. Biochem J 1984; 222: 1-5.

57. Jones OTG, Cross AR, Hancock JT, Henderson LM, Donnell VB. Inibidores da NADPH oxidase como guias para o seu mecanismo. Biochem Soc Trans 1991; 19: 70-2.

58. Rolando F, Del Maestro. Uma abordagem aos radicais livres em medicina e biologia. Ata Physiol Scand 1980; Suppl 492: 153-68.

60. Jones DP. The role of oxygen concentration in oxidative stress: hypoxic and

hyperoxic models. In: Sies H, ed. Oxidative stress. Londres, Inglaterra: Academic Press; 1985: 151-95.

61. Sies H. Stress oxidativo: observações introdutórias. In:Sies H.Ed. Oxidative stress, Londres, Inglaterra; Academic Press, 1985: 1-8.

62. Fong KL, McCay PB, Poyer JL, Kele BB, Misra H. Evidence that peroxidation of lysosomal membranes is initiated by hydroxyl free radicals produced during flavin enzyme activity. J Biol Chem 1973; 248: 7792-96.

63. Chiu D, Lubin B, Shohet SB. Reacções peroxidativas na biologia dos glóbulos vermelhos, IN: Pryor WA.

ed. Free radicals in biology, Nova Iorque: Academic Press, 1982 Vol. 5; 115-60.

64. Schauehstein E, Esterbauer H, Zollner H. Aldehydes in Biological systems. 1977, Pion Press, Londres.

65. Gutteridge JMC , Lamport P, Dormany TL. O efeito antibacteriano dos compostos solúveis em água do ácido linolénico autooxidante. J Med Microbiol 1976; 9: 105-10.

66. Turner SR, Campbell JA, Lynn WS. Quimiotaxia de leucócitos polimorfonucleares em relação a componentes lipídicos oxidados das membranas celulares. J Exp Med 1975; 141 :1437-4.

67. Van Hensberg VWM. Citotoxicidade das LDL. O estado da arte. Atherosclerosis 1984; 53: 113-18.

68. Barrow cliffe TW, Gray E, Kerry PJ, Gutteridge JMC. Triglyceride-rich lipoproteins are responsible for thrombin generation induced by lipid peroxides. Thromb Haemostas 1984; 52: 710.

69. Cheistman CW, Wer EP, Kontos HA, Povlis hak JT Ellis EF. Effects of 15

hydroperoxy- eicostatetraenoic acid (15 HPETE) on cerebral arterioles of cats. Am J Physiol 1984; 247: H-6, 31-7.

70. Fogel man AM, Schechter JS, Hokom M, Child JS, Edwards PA. Malondialdehyde alteration of low-density lipoprotein leads to cholesterol accumulation in human monocytemacrophages. Proc Natl Acad Sci USA 1980;77:2214-18.

71. Jurgens G, Hoff HF, Chislom GM, Esterbauer H. Modificação da lipoproteína de baixa densidade do soro humano por oxidação - caraterização e implicações fisiopatológicas. Chem Phys Lipids 1987; 45:315-36

72. Steinbrecher UP, Witztum JL, Parthasarthy S, Steinberg D. Decrease in reactive aminouroups during oxidation or endothelial cell modification of LDL. Atherosclerosis 1987; 7: 135-43.

73. Mahley RW, Innerarity TI, Weisgraber KH, Oh So. metabolismo alterado (in vivo e in vitro) das lipoproteínas plasmáticas após modificação química selectiva dos resíduos de lisina das apoproteínas. J Clin Invest 1979; 64: 743-50.

74. Gutteridge JMC, Stocks J. Peroxidation of cell lipids. Med Lab Sci 1976; 33: 281-85.

75. Barber AA. Mecanismo de formação de peróxido lipídico em homogenatos de tecido de rato. Radiat Res. 1963; Suppi. 3: 33-43.

76. Ishihara M. Studies on lipid peroxide of normal pregnant women and of patient with toxemia of pregnancy. Clin Chim Ata 1978; 84: 1-9.

77. Novak Z, Kovacs L, Pal A, Portaki L, Varga ISZ, Matkovics B. Estudo comparativo: as enzimas antioxidantes e a peroxidação lipídica em hemolisados de glóbulos vermelhos do cordão umbilical e maternos. Clin Chem Ata 1989;180: 103-6.

78. Anders Bjornepoe, Gunn-Elfin A B, Christian AD. Absorption, transport and

distribution of vitamin E. Nutrition 1990; 120 : 233-42.

79. Scrinshaw NS, Greer RB, Goodland RL. Serum vitamin E levels in the complications of pregnancy (Níveis séricos de vitamina E nas complicações da gravidez). Ann NY Acad Sci 1949; 52: 312-21.

80. Uotila JT, Tuimala RJ, Aarnio TM. Achados sobre a peroxidação lipídica e a função antioxidante nas complicações hipertensivas da gravidez. Br J Obstet Gynecol 1993; 100: 270-76.

81. Uotila J, Tuimala R, Pyykko K, Ahotupa M. Pregnancy-induced hypertension is associated with changes in maternal and umblical blood antioxidants. Gynecol Obstet Invest 1993; 36: 153-7.

82. Henry RJ, Sobel C, Kin J. Estimation of Uric acid in blood (Estimativa do ácido úrico no sangue). Am J Clin Path 1957; 28: 152.

83. Allain CC. Estimativa quantitativa do colesterol sérico por método enzimático. Clin Chem 1974; 20: 470-95.

84. Placer ZA, Cushmann LL, Johnson BG. Estimativa dos produtos da peroxidação lipídica (MDA) em sistemas biológicos. Anal Biochem 1960; 16: 359-64.

85. Habenicht AJ, Salbach P, Goerig M, Zeh W, Janssen, Timmen U, Beattner C, King WCD, Glomset JA. A via do recetor de LDL fornece ácido araquidónico para a formação de eicosanóides em células estimuladas pelo fator de crescimento derivado de plaquetas. Nature 1990; 345:634-36.

86. Duggan DE. Determinação espectrofluorimétrica de tocoferóis. Arch Biochem Biophys 1950; 84: 116-22.

87. Sheela MK. Níveis séricos de MDA e ceruloplasmina na toxemia da gravidez. J Obst Gyn India Oct. 1989; 648-51.

88. Cranfield LM, Gollan JL, White AG, Dormandy TL, Atividade antioxidante

sérica em indivíduos normais e anormais. Ann Clin Biochem 1979; 16:299-306.

8 9 Behrens WA, Thompson JN, Madere R. Distribution of α-tocopherol in human plasma lipoproteins Am J Clin Nutr 1982; 35: 691-6.

90. Hansen LG, Warwick WJ. Um micrométodo fluorimétrico para o tocoferol sérico. Am J Clin Path 1966; 36/6:133-8.

91. Wilbur KM. Bernheim F, Shapiro OW. Estimativa do malondialdeído em sistemas biológicos. Arch Biochem Biophys 1943; 24: 305.

Printed by Books on Demand GmbH, Norderstedt / Germany